AI×防災

データが紡ぐ未来の安心・安全

著
古田　均
北原武嗣
野村泰稔
宮本　崇
一言正之
伊藤真一
広兼道幸
高橋亨輔

電気書院

まえがき

2019年5月に『AIのインフラ分野への応用』を電気書院から上梓した．このときAI（AI：Artificial Intelligence）は大ブームの最中であった．AIの内容はあまり明らかではないものの，世間がAIとAIと騒ぐので，とりあえず注目しておこうというのが実態であった．

AIがブームになる契機となったのは，碁のソフトであるアルファ碁が有名な棋士を破ったことである．それまで将棋のソフトがプロ棋士を凌駕することは知られていたが，碁はその選択が多岐にわたるので，まだまだ人間には勝てないと思われていた．ところが，予想より早くアルファ碁が人間に勝ったことで驚きもあり，マスコミで大きく取り上げられ，その後，新聞，雑誌，テレビ等で頻繁に紹介され，AIに関する多くの特集が組まれた．

前書『AIのインフラ分野への応用』では，AIとは何か，なぜAIなのか，AIの基礎とは何か，という基本的な疑問に答えることを目的とし，AIがインフラ分野でどのように応用できるかを紹介した．そこでは，AIとは何かを広く知ってもらい，インフラ分野でどのように利用できるかを紹介したいということで少し急いで出版をした．

それから，3年が経ち，AIはブームを越え，普通に使われるようになっている．いろいろなところでAIという言葉がごく普通に使われ，AIの内容を説明する必要はない．つまり，AIの利点は広く一般に理解されている．しかしながら，いろいろな場面でのAIとは，主に事務，経理，マネジメント，株式，金融等の分野が多い．そして，多少は工学関係にもAIの応用に関する記事等は見られるが，事務関係と比べるとその数は少ない．そして，AIの工学関係での応用例を詳しく見てみると，完全な実用化ではなく，適用例に毛の生えたものあるいはプロトタイプであるものが多い．これはAIの実用化は容易ではなく，特に工学分野では有意なデータを十分な数を集めることが難しいことが主な原因である．これに対し，事務関係では定型的な業務が多く，かつ毎日数多く実施されることから，十分な有意なデータを集めることが可能である．また，利益に直結する業務，あるいは短期間に成果が出る業務が多いことから，AIの導入のインセンティブも高く，その有効性の評価が容易である．

これに対し，工学分野特にインフラ分野では有意なデータを得ることは容易ではなく，また短期間で成果を得ることは困難である．本書では，このインフラ分野の特徴を考慮し，前書よりもテーマを防災問題に絞り，AIの応用の可能性について紹介することとした．AIの可能性という観点から，AIの手法としては現在主となっている深層学習（Deep Learning）以外のいくつかの手法の応用例を掲載している．用いた手法はマルチエージェント，融合粒子フィルタ，遺伝的アルゴリズムである．防災問題のテーマとしては，避難シミュレーション，地震応答の構造同定問題，衛星データを用いた被害箇所選定，土砂災害警戒区域の選定，等を選んでいる．最後に本書の特徴としてプログラムを添付して，興味のある人が自分でAIのシステムを実感してもらうことを試みている．

最後に，本書の発刊が新型コロナウィルスの蔓延による社会変化の影響から大幅に遅れたが，その間辛抱強く待っていただき，また多大なご尽力いただいた電気書院近藤知之氏に深く感謝いたします．

令和４年９月吉日

著者を代表して　　　　　　　古田　均

目　次

1 はじめに

数年前の異常ともいえるAIブームは沈静化し，現在AIはごく普通に使われるものとなっている．すなわち，ごく普通に様々なところでAIという言葉が散見される．新聞，雑誌，テレビ等でAIを使用という記事がよく見られる．周知のようにAIブームの火付け役となったのはゲーム，特に将棋と碁である．もちろんその前にはブリッジ等のカードゲームの開発もなされていた．ゲーム問題というのは初期のAI研究では親和性の高い題材であった．8パズルや15パズル問題がAIの有効性を示すためによく取り上げられたが，それ以上の進展があまり見られず，実世界では役に立たず，トーイ問題しか解けないと非難をされた．その後，1980年代に知識工学の名前で第2次のブームが到来し，その応用として様々なエキスパートシステムが開発された．これらのエキスパートシステムは一定の成果をあげ，実用化への可能性を示したものの，コンピュータの性能不足や手法の不完全さのため，その後の発展は見られなかった．その後，1997年のディープブルーの勝利で再び注目を集め，前述のコンピュータ将棋やコンピュータ碁の出現で一躍有名になった．また，ゲーム以外にも1960年代から「感性」や「人間らしさ」を扱う研究も同時に進められている．

AIの産業応用としては，人工知能学会誌の特集によると，1．企業内教育・訓練システム，2．機械翻訳システムへの応用，3．制約最適化技術のスケジュール問題への応用，4．診断問題への応用，5．知識情報検索への応用，6．ナレッジマネジメント，7．テレビゲームへの応用，8．災害時の意思決定システムへの応用，9．次世代生産システムへの応用，10．電気製品の品質監視システム，11．カスタマーセンター支援システム，などがあげられている．最近では，さらにAIの精度等も進歩し，画像認識（顔認証，自動運転），音声認識・自然言語処理（音声アシスタント，文字おこし），ビッグデータの分析（観光ビッグデータ分析，ダイナミックライシング）などに応用されている．そして，一番多く応用されているのは，金融関係や事務処理の分野である．

前書『AIのインフラ分野への応用』を2019年5月に電気書院から上梓したが，このときはAI（AI：Artificial Intelligence）が大ブームの最中であり，AIの内容はあまり明らかではないものの，世間がAIとAIと騒ぐので，とりあえず注目しておこうという雰囲気であった．

本書では，前書から3年経ちAIに関する多くの知見が得られていることに鑑み，その進歩も考慮し，対象を防災分野に限定し，より進んだAI技術の応用について紹介する．現在，世界は異常気象に見舞われている．2021年7月中旬にベルギーやドイツが洪水によって大きな被害を受けている.ヨーロッパの河川は日本と違い流れが緩やかであるので，大雨があっても洪水になるにはかなりの時間がかかるので，大被害は起こりにくいと考えられていた．特に被害が大きかったのは，ドイツ西部ラインラント・プファルツ州のアールワイラー郡である．主要河川であるアール川の流域では1日だけで7月の平年の1か月分の雨が降った．洪水が起きる3週間前から断続的に雨が降っており，そこに集中豪雨が重なったためと思われる．この原因としては気候変動が考えられる．気候変動は，北欧フィンランドの首都ヘルシンキでは，6月の平均気温が史上最高を観測するなど，ヨーロッパ各地は熱波にも見舞われていることから明らかである．わが国でも豪雨による土砂崩れなどの災害が頻繁に起こっている．これに加え，我が国は地震，台風，火山噴火等の自然災害大国である．地震の発生は世界第4位であり，東日本大震災をはじめとした巨大地震による被害が多いことが特徴である．また気候変動に伴って台風の発生も増大しており,その進路が従来とはかなり異なっている．また近年火山噴火も頻繁に起こっている．これらの災害に対しどのように対処するかは非常に重要な課題である．よって，防災問題は喫緊の課題であり，AIの応用分野としては非常に時宜を得たものであると思われる．

本書は8章から構成されており,それにまえがきとあとがきを付けている．第2章では，まずAIの定義について触れ，機械学習について説明している．そして，本書で用いられているAI技術の基礎を紹介している．具体的には，まず深層学習（Deep Learning）の基礎となっているニューラルネットワークの概要を紹介し，現在最も多く用いられている深層学習について詳述している．さらに，データ同化問題の概要について説明し，代表的な手法として粒子フィルタと融合粒子フィルタを紹介している．その他，遺伝的アルゴリズム（Genetic Algorithms)，マルチエージェントについてもその概要を紹介し，3章以降の防災分野へのAIの応用に関する基礎知識を得てもらうようにしている．

第3章は現在巨大地震の発生が懸念されていることから，地震防災問題へのAIの応用について詳述している．地震防災対策は，予防・準備・対応・復興という4つのフェーズから構成されている．中でも対応のフェーズは人命の救出・救急や必要物資の輸送など，地震災害直後における活動を指し，被害を完全に防ぐことが難しい地震災害においては重要なものである．被害状況を迅速に把握することは，個人や災害対応組織の適切な意思判断につながり，その後の活動の最適性を高めるうえで極めて重要となる．ここでは，第3章の著者が開発した地震被害検知システムへのAIの応用について紹介している．本システムは，構造物の位置や外形情報が整備された地理空間情報のデータベースを用いて，広域の衛星画像から住宅毎の小画像片を抽出する．次に，抽出された個々の小画像片に対して，被害・無被害の2クラスへの判別を行う深層学習モデルを適用することにより，衛星撮影画像内の個々の住宅の被害状況を判別するというものである．

第4章では，河川防災へのAIの応用例を紹介している．具体的には，ダム運用の効率化に対するAIの活用，AIによる洪水氾濫の把握，河川水位を正確に把握するための観測データの異常検知について紹介している．なお，AIを用いた洪水予測については，前書の『AIのインフラ分野への応用』に筆者らの取り組みを交えて詳しく紹介されており，あわせて読めば理解が深まるものと思われる．

第5章では，近年大災害をもたらしている土砂災害への深層学習の適用を考えている．具体的には，土砂災害警戒区域の抽出問題を扱っており，基礎調査に関わるコスト縮減と作業の効率化，土砂災害ハザードマップ作製の自動化を目標とした深層学習の応用例を紹介している．

第6章でも斜面崩壊問題を深層学習以外のAI手法を用いて扱っている．斜面崩壊に対する防災対策としては，ハード対策とソフト対策に大別できるが，ここで紹介する研究は，AI技術を導入することでソフト対策の精度を向上させ，未然の斜面崩壊発生予測を目指すものである．このような斜面崩壊発生予測に対して活用できるデータとして，過去の崩壊履歴，地形・地質情報，降雨履歴などの広域なデータに加えて，斜面単位でのモニタリングデータも十分に蓄積されている．今後は，これらの大量のデータを有効活用して斜面崩壊の発生予測を行うための手法の開発が重要であると考えられる．ここでは，AI技術を用いて豪雨時の斜面崩壊予測を試してみた2種類の事例について紹介している．1つ目は，鹿児島県の桜島を対象として，地形情報のような広域なデータを用いてニューラルネットワークによる侵食発生場所予測モデルの構築を試みた事例である．2つ目は，土中水分量のモニタリングデータに基づいて浸透解析モデルのデータ同化を行った事例である．

第7章では，広義のAI手法の一つである遺伝的アルゴリズム（GA：Genetic Algorithms）の応用例としてライフラインの復旧計画策定問題を紹介している．復旧計画策定問題は，震災などで被災した道路，電気，ガスや上下水道などのライフラインネットワークに対して，早期復旧を目的とした復旧計画を策定する問題である．

第8章では，地震発生後の避難シミュレーションへのAIの応用例を紹介している．2011年東北地方太平洋沖地震による甚大な地震被害を受け，災害対策の抜本的な見直しが図られ，中央防災会議では災害対策基本法の改正に基づいて防災基本計画の修正が行われた．その中で津波災害に関しては，科学的知見を踏まえた最大クラスの津波を想定し，これに対して避難を軸としたハード・ソフト両面からの対策を講じるよう示されている．本章では群衆避難の数値シミュレーションに関し，広義の AI 手法の一種と考えられるマルチエージェントシステムを用いた検討の一例を示している．ここではまず，マルチエージェントシステムによる避難経路選択モデルを構築し，次に避難者同士の相互作用が避難に及ぼす影響を考慮するため，各避難者が回避行動を取る他者認識範囲として，パーソナルスペースに関しても検討を加えている．また津波時の避難経路選択モデルとして高低差の影響も考慮できるようにしている．さらに，市街地などの広域を対象とした誘導者の配置による避難効率の改善問題に着目し，数値シミュレーションによる定量的な評価に基づいた避難誘導者の配置方法についての検討結果に関しても述べている．

2 AI技術の基礎事項

本章では，最初にAIの定義と機械学習について紹介し，その後以降の章で登場する分析方法を簡単に紹介する．まず，AIの基礎として，ニューラルネットワークの訓練方法，深層学習の応用例や畳み込みニューラルネットワークについて簡単に紹介する．次に，データ同化問題に適用される粒子フィルタと融合粒子フィルタに紹介する．そして，組合せ最適化問題に適用される進化計算の一つである遺伝的アルゴリズムを説明し，最後にエージェントシミュレーションについて簡単に述べる．

2.1 AIの定義

人工知能に関する書籍：人工知能の基礎[1)]では，「人工知能とは，人の知能，つまり，人が行なう知的作業は，推論，記憶，認識，理解，学習，創造といった現実世界に適応するための能力を指す．人工の知能とは，人の知能のある部分を機械に行わせることによって創られる．」と定義されている．現在，AIにはいろいろな定義があるが，研究目的から大きく分けると以下の二つに分類できる．

【人間の持つ知的な能力を機械によって実現すること】

【人間の知的能力に対する解明・解析をすること】

最近では，弱いAIと強いAIという言い方で分類されることもある．例えば，弱いAIとは人間の知能の一部を代替し，特定の定まった作業のみを処理するAIのことを指す．一方，強いAIとは，脳科学などを取り入れながら人間の知能や心の原理を解明し，人間の脳機能と同等の汎用的な知的処理が可能なAIを指す．これは，人間のように自意識や感情を持ち，自身で物事を考えて行動するAIをイメージするとわかりやすい．強いAIは人間のように想定外の状況に，過去の経験に基づいて行動するといった対応も可能になるとして期待が寄せられているものの，技術的なハードルも非常に高く，実現はまだ遠いと考えられている．

また，強いAIと弱いAIの分類の他に，汎用型AIと特化型AIの呼称で分類される．汎用型AIとは，特定の課題だけに対応するのではなく，人間と同じように様々な課題に対して，処理できるシステムのことを言う．ただし，強いAIと同様に，この実現はまだ遠いと考えられている．特化型AIとは，弱いAIと同様の意味を持ち，特定の課題だけに特化したAIのことを指す．また，最近までAIという言葉は世間の注目を浴びることはなかったことに触れておく．1990年代頃はAIという言葉よりも，ソフトコンピューティングという言葉の方が注目されていた．ソフトコンピューティングとは計算機科学，人工知能，機械学習を含む計算技法を意味し，複雑な事象を対象として，そのモデル化や解析を行うものである．主な方法論は，ある規則に基づいた推論・予測・制御が可能なファジィ理論や生物の進化を模倣して組み合わせ最適化問題を解く遺伝的アルゴリズムをはじめとした進化的計算技術，また，今注目の深層学習の基礎となるニューラルネットワーク，そして，複雑性の評価やその現象を扱うカオス理論などである．一方，2000年代に入ると，計算機やインターネットの普及に後押しされ，画像認識や音声認識，自然言語処理等の技術が身近なものになり，ますますAIの研究は広い情報技術に関わる研究の中に溶け込んできた．また，センサや計算機の低価格化により，実世界のデータを大量に計測することが可能になり，大量のデータを分析する機械学習やデータマイニング技術が注目されるに至った．2010年度に入ると，画像認識や音声認識，自然言語処理においても機械学習は必須の技術と考えられるようになってきた．このような大量のデータはビッグデータと呼ばれ，注目を集めている．

以上のように，AIは決して，変わらない中心を持つような学問ではなく，様々な技術が進歩しながら絡み合ってきた学問であると言える．

2.2 機械学習の学習形態

前述したように，AIという言葉の定義は時代とともに変化しており，一義的なものではないと考えられる．ただし，機械学習は人工知能を実現する技術の一つであることは共通の認識であり，その本質はデータから法則性（ルール）を自動的に学ぶ点にある．機械学習の分野における学習方法の観点で手法を分類すると，「教師あり学習」，「教師なし学習」，「強化学習」に大別される．

教師あり学習とは，学習時のデータ一つ一つに正解を与え，その規則性を学ぶ学習方法であり，前もって，「特徴を表すデータ（入力データ）」と「答えである目的データ（出力データ）」があることが適用上の前提になる．これら2つのデータがシステムの入出力となるように学習を行い，学習の結果，今まで経験していない新たなデータに対しても適切な分類や数値を出力できるようになることを目指すものである．教師あり学習の問題として，分類問題（classification）と回帰問題（regression）がある．分類問題では，入力データに対して，それがクラスAに属するのか，クラスBに属するかの二値問題（2クラス問題）を繰り返して学習する．単純な二値の割り当てではなく，多値を割り当てる場合もある．学習データとしては，クラスを識別するためのラベルを付与されたデータセットを用いる．一方，回帰問題では，入力データに対して通常，実数値を返し，未知入力に対する出力の予測を行う．学習データとしては，入力データベクトルXと出力変数yが対となったデータ群が用いられる．

教師なし学習とは正解情報がないデータのみで学習するものである．教師なし学習は正解となるラベルや実数値を用いずに学習を行う方法であり，観測・計測データ全体やその一部分に成立する法則性・パターンや類似性を抽出する発見的な方法である．代表的な教師なし学習はクラスタリングであり，観測データ同士の類似性に基づき，データを部分集合に分ける問題となる．

強化学習とはシステムの行動選択の結果，環境から報酬を得て，行動を改善する枠組みの中で，試行錯誤により環境に適用しようとする学習である．徐々に最適な行動ルールを獲得していくもので，ロボット制御で使用されることが多い手法である．また，囲碁のAlpha GO Zeroは強化学習を利用している．

2.3 ニューラルネットワーク

ニューラルネットワークは，生物の脳の神経ネットワークをモデルにしたコンピュータ処理の仕組みである．脳で行われている情報の流れを単純化したものが，図2.1に示すような人工ニューロンである．

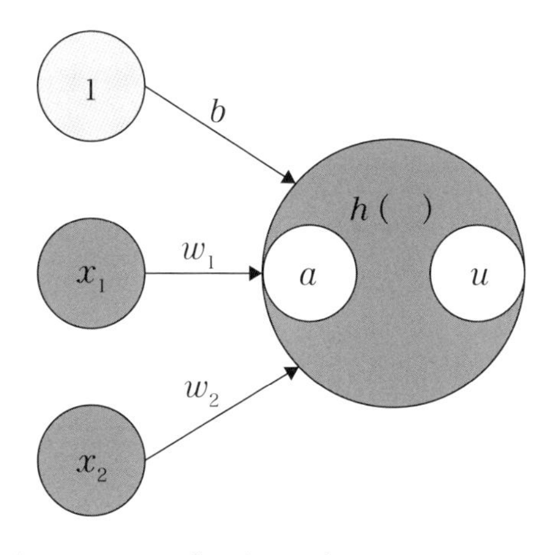

図2.1　ニューラルネットワークでのニューロンの動き

図 2.1 は取り出したニューロンに具体的な文字を当てはめている．x_1 と x_2，1 の 3 つの信号を受け取り，u が出力されることを表している．b はバイアスと呼ばれるパラメータで，ニューロンの発火のしやすさをコントロールしている．w_1 や w_2 は各信号の重みを表すパラメータで，これらは各信号の重要性をコントロールする．a は入力信号の総和を表しており，$h(\ )$ は活性化関数と呼ばれ，入力信号の総和を出力信号に変換する関数である．図 2.1 を式で表すと以下のようになる．

$$a = b + w_1 x_1 + w_2 x_2 \tag{2-1}$$

$$u = h(a) \tag{2-2}$$

主な活性化関数の関数式とグラフは以下のようになる．

シグモイド関数：

$$h(a) = \frac{1}{1 + e^{-a}} \tag{2-3}$$

正規化線形関数：

$$h(a) = \max(0, a) \tag{2-4}$$

活性化関数は，入力信号の総和がどのように活性化するかということを決定する役割がある．主な活性化関数としてシグモイド関数（図 2.2 (a)）がこれまで使用されてきた．ただし，近年，層の深いニューラルネットワークでは，シグモイド関数は活性化関数として用いられることは少なくなった．その理由としては，勾配消失という現象によって学習が進行しなくなる問題が生じるが起きやすくなるという問題があるからであり，近年は，正規化線形関数（ReLU：rectified linear unit）がよく用いられている（図 2.2 (b)）．

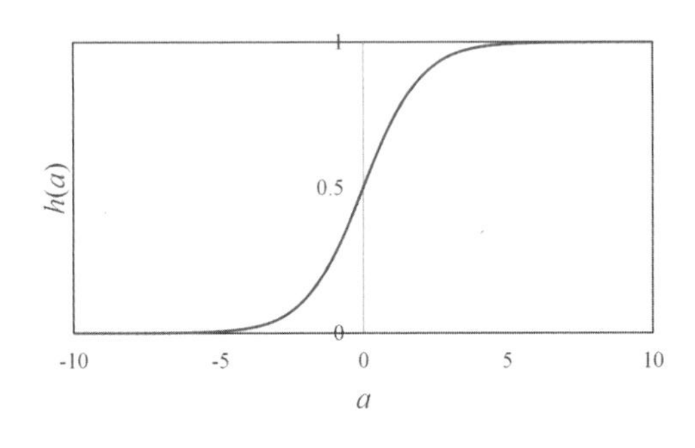

(a)　シグモイド関数

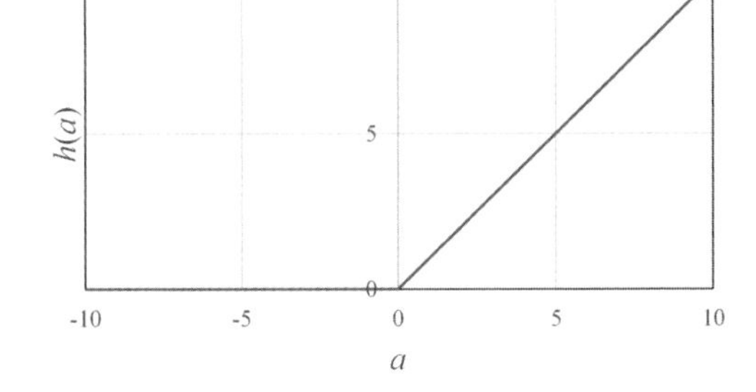

(b)　ReLU 関数

図 2.2　主な活性化関数

この人工ニューロンを複数組み合わせたものが，ニューラルネットワークであるが，その構造形式には相互結合型と階層型がある．本項では，階層型についてのみ言及する．なお，階層型ニューラルネットワークを簡単に表すと図 2.3 のように表すことができる．左の列を入力層，中間の列を中間層，右の列を出力層，図の丸は人工ニューロンである．中間層を増やすことで，ニューラルネットワークを深くすることができ，深層学習に用いられるニューラルネットワークとなる．

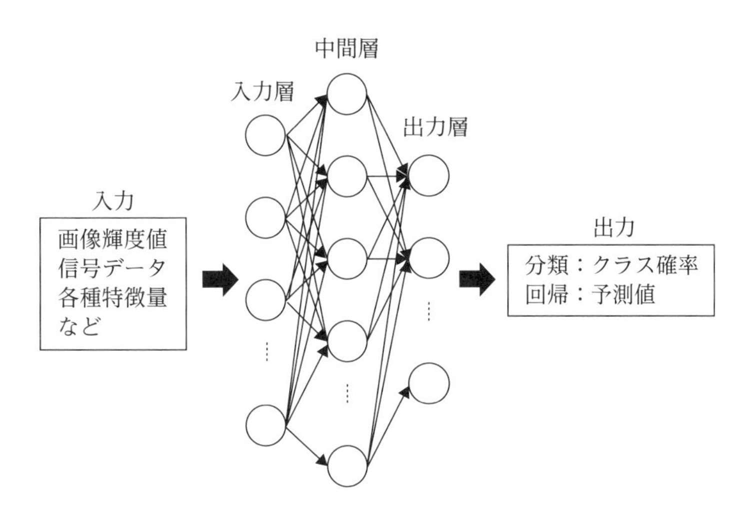

図 2.3　階層型ニューラルネットワーク（全結合型）

次に，ニューラルネットワークの訓練法について説明する．

2.3.1　損失関数

ニューラルネットワークの訓練には，微分可能でさえあれば解きたいタスクに合わせて様々な損失関数を用いることができる．特に，回帰問題では平均二乗誤差が用いられ，分類問題では，交差エントロピーがよく用いられる．交差エントロピー誤差は，次式で表される．

$$E = -\sum_{n=1}^{N}\sum_{k=1}^{K} t_{\mathrm{n,k}} \log y_{\mathrm{n,k}} \tag{2-5}$$

N はサンプルサイズ，y_{k} は k 番目の出力，t_{k} は正解ラベルとする．t_{k} は正解ラベルとなるインデックスだけが 1 で，その他は 0 となる．そのため，実質的に正解ラベルが 1 に対応する出力の自然対数を計算するだけになる．損失関数が最小値を取るときが最適なパラメータとなる．特に，分類問題の場合，出力層に用いる活性化関数は以下の Softmax 関数が使用される．

$$y_k = \frac{\exp(a_k)}{\sum_{i=1}^{n} \exp(a_i)} \tag{2-6}$$

これは，各ニューロンからの出力値の合計が1になるように出力値を補正する．分類問題では，この補正された値の中で，最も高い値を示したニューロンが選択される．一方，回帰問題における損失関数は平均二乗誤差がよく用いられる．

$$E = \frac{1}{N}\sum_{n=1}^{N}(t_n - y_n)^2 \tag{2-7}$$

損失関数の値を最小にするようなパラメータの値を求めることで，ニューラルネットワークを訓練することになる．一般的にニューラルネットワークのパラメータは乱数で初期化される．乱数で初期化されたパラメータを，損失関数の勾配を用いて更新していく．

2.3.2　パラメータ更新量の算出

以下の3層の全結合型ニューラルネットワークを用いて，3次元の入力ベクトルから1次元の値を出力し，正解値を予測する回帰問題を例として，パラメータを更新する式を導入する．

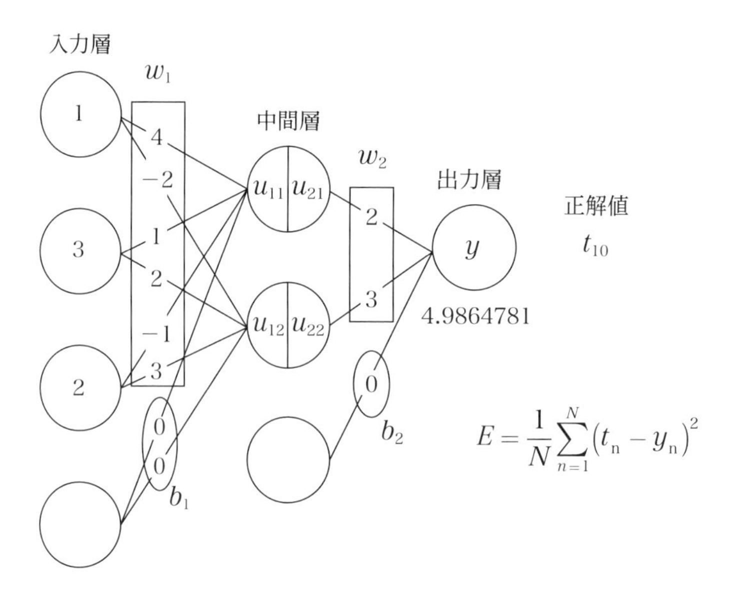

図2.4　ニューラルネットワークのデータの流れ

$$\mathbf{x} = \begin{bmatrix} 1 \\ 3 \\ 2 \end{bmatrix}, \quad \mathbf{w}_1 = \begin{bmatrix} 4 & 1 & -1 \\ -2 & 2 & 3 \end{bmatrix}, \quad \mathbf{b}_1 = \begin{bmatrix} 0 \\ 0 \end{bmatrix}, \quad \mathbf{w}_2 = \begin{bmatrix} 2 & 3 \end{bmatrix}, \quad \mathbf{b}_2 = \begin{bmatrix} 0 \end{bmatrix} \tag{2-8}$$

入力層と中間層の間の線形変換が $\mathbf{w}_1$，$\mathbf{b}_1$，中間層と出力層の間の線形変換が $\mathbf{w}_2$，$\mathbf{b}_2$ というパラメータで表されているとする．これらをまとめて，$\Theta = \{\mathbf{w}_1, \mathbf{b}_1, \mathbf{w}_2, \mathbf{b}_2\}$ と表すことにする．ニューラルネットワーク全体を一つの関数 f として表現すると，出力 y は，以下のように書ける．

$$y = f(\mathbf{x}; \Theta) = \mathbf{w}_2 h(\mathbf{w}_1 \mathbf{x} + \mathbf{b}_1) + \mathbf{b}_2 \tag{2-9}$$

ここで，$\mathbf{x}$ は入力，h は中間層のノードで行われる非線形変換（に使用される活性化関数）を意味している．今回は，前述のシグモイド関数を活性化関数に用いる．以降の説明の簡単化のために，入力に対する線形変換の結果を $\mathbf{u}_1$ として，中間層での非線形変換の結果，すなわち $\mathbf{u}_1$ に活性化関数を適用した結果を $\mathbf{u}_2$ とすると，これらの関係は以下のように整理できる．

入力の線形変換：　$$\mathbf{u}_1 = \mathbf{w}_1 \mathbf{x} + \mathbf{b}_1 \tag{2-10}$$

中間層での非線形変換：　$$\mathbf{u}_2 = h(\mathbf{u}_1) \tag{2-11}$$

出力層での線形変換：　$$y = \mathbf{w}_2 \mathbf{u}_2 + \mathbf{b}_2 \tag{2-12}$$

以上を踏まえ，まず，出力層に近いパラメータ $\mathbf{w}_2$ の更新量を算出するために，損失関数 E の勾配を求める．なお，正解値（目標値）を t と置くこととし，ここでは，損失関数 E として平均二乗誤差を用いる．ただし，説明の簡単化するために，損失関数 E は $N=1$ として，$E = (t - y)^2$ とする．

ニューラルネットワークにおけるパラメータの更新量を求めるためには，合成関数の偏微分が必要である．$\mathbf{w}_2$ についての E の勾配は，連鎖律を用いると以下のように展開できる．

$$\frac{\partial E}{\partial \mathbf{w}_2} = \frac{\partial E}{\partial y} \frac{\partial y}{\partial \mathbf{w}_2} \tag{2-13}$$

2 つの偏微分が現われたが，これらはそれぞれ，

$$\frac{\partial E}{\partial y} = -2(t - y) \tag{2-14}$$

$$\frac{\partial y}{\partial \mathbf{w}_2} = \mathbf{u}_2 \tag{2-15}$$

と求まる．$\mathbf{u}_2$ は中間層での活性化関数を通じて非線形変換された値であり，$\mathbf{w}_2$ を更新する前にすでに求まっている値である．よって，これらの $-2(t-y)$ と $\mathbf{u}_2$ を掛け合わせれば，$\mathbf{w}_2$ についての E の勾配が求まる．この勾配に学習率と呼ばれる値を乗じるのが一般的であり，学習率を η とおくと，$\mathbf{w}_2$ の更新式は以下となる．

$$\mathbf{w}_2 \leftarrow \mathbf{w}_2 - \eta \frac{\partial E}{\partial \mathbf{w}_2} \tag{2-16}$$

次に，入力層と中間層の結合行列である w_1 の更新量を算出する．そのためには，w_1 で損失関数 E を偏微分した値が必要である．先ほどと同様に連鎖律を用いて展開すると以下のように求められる．

$$\frac{\partial E}{\partial \mathbf{w}_1} = \frac{\partial E}{\partial y}\frac{\partial y}{\partial \mathbf{w}_1} = \frac{\partial E}{\partial y}\frac{\partial y}{\partial \mathbf{u}_2}\frac{\partial \mathbf{u}_2}{\partial \mathbf{w}_1} = \frac{\partial E}{\partial y}\frac{\partial y}{\partial \mathbf{u}_2}\frac{\partial \mathbf{u}_2}{\partial \mathbf{u}_1}\frac{\partial \mathbf{u}_1}{\partial \mathbf{w}_1} \tag{2-17}$$

$\mathbf{w}_1$ についての損失関数 E の勾配は4つの偏微分の積になる．以下の微分は容易に計算でき，入力情報の順伝播の中で求められている値を活用できる．

$$\frac{\partial E}{\partial y} = -2(t-y) \tag{2-18}$$

$$\frac{\partial y}{\partial \mathbf{u}_2} = \mathbf{w}_2 \tag{2-19}$$

$$\frac{\partial \mathbf{u}_1}{\partial \mathbf{u}_2} = \mathbf{x} \tag{2-20}$$

また，活性化関数の勾配として，$\partial \mathbf{u}_2 / \partial \mathbf{u}_1$ が登場するが，活性化関数にシグモイド関数を用いているので，以下の式，

$$\mathbf{u}_2 = h(\mathbf{u}_1) = \frac{1}{1+e^{-\mathbf{u}_1}} \tag{2-21}$$

を $\mathbf{u}_1$ で微分する．

これは，以下のように展開できる．

$$\frac{\partial \mathbf{u}_2}{\partial \mathbf{u}_1} = \frac{\partial h(\mathbf{u}_1)}{\partial \mathbf{u}_1} = -\frac{-e^{-\mathbf{u}_1}}{\left(1+e^{-\mathbf{u}_1}\right)^2} = \frac{1}{\left(1+e^{-\mathbf{u}_1}\right)} \cdot \frac{e^{-\mathbf{u}_1}}{\left(1+e^{-\mathbf{u}_1}\right)^2} \tag{2-22}$$

$$= \frac{1}{\left(1+e^{-\mathbf{u}_1}\right)} \left\{ \frac{1+e^{-\mathbf{u}_1}-1}{\left(1+e^{-\mathbf{u}_1}\right)} \right\} = \frac{1}{\left(1+e^{-\mathbf{u}_1}\right)} \left\{ 1 - \frac{1}{\left(1+e^{-\mathbf{u}_1}\right)} \right\}$$

$$= h(\mathbf{u}_1)\left(1-h(\mathbf{u}_1)\right) = \mathbf{u}_2(1-\mathbf{u}_2)$$

このように，シグモイド関数の勾配は，シグモイド関数の出力値を使って簡単に計算することができる．結局，$\mathbf{w}_2$ と同様に，連鎖律を用いることで最終的に以下のような更新式でパラメータ $\mathbf{w}_1$ の更新を行うことが可能となる．

$$\mathbf{w}_1 \leftarrow \mathbf{w}_1 - \eta \frac{\partial E}{\partial \mathbf{w}_1} \tag{2-23}$$

$$\mathbf{w}_1 \leftarrow \mathbf{w}_1 - \eta \cdot \left(-2(t-y) \cdot \mathbf{w}_2 \cdot \mathbf{x} \cdot \mathbf{u}_2(1-\mathbf{u}_2)\right)$$

バイアス情報 $\mathbf{b}_1$，$\mathbf{b}_2$ についても同様の流れで更新することが可能である．なお，η は学習率であるが，この学習率が大きすぎると，繰り返しパラメータ更新を行っていく中で損失関数の値が振動したり，発散したりすることがある．一方，学習が小さすぎると，収束に時間が掛かることがある．ゆえに，この学習率を適切に設定することがニューラルネットワークの学習においては非常に重要となる．多くの場合，学習が的確に進む最も大きな値を経験的に探すということが行われる．シンポルな画像認識のタスクなどでは，概ね 0.1 から 0.01 程度の値が最初に施行される場合が多く見られる．

2.3.3　ミニバッチ学習

ニューラルネットワークをはじめ深層学習を勾配に基づいて最適化する場合は，データを上記のように，一つ一つ用いてパラメータを更新するのではなく，いくつかのデータをまとめて入力し，それぞれの勾配を計算した後に，その勾配の平均値を用いてパラメータの更新を行う方法が一般的である．これがミニバッチ学習である．

ミニバッチ学習では，以下の手順で訓練を行う．

1. 訓練データセットから一様ランダムに N_b（>0）個のデータを抽出する
2. その N_b 個のデータをまとめてニューラルネットワークに入力し，それぞれのデータ

　に対する損失関数の値を計算する
3.　N_b 個の損失関数の値の平均をとる
4.　この平均の値に対する各パラメータの勾配を求める
5.　求めた勾配を使ってパラメータを更新する

これらを，異なる N_b 個のデータの組合せに対して繰り返し行う．

ここで，一度のパラメータ更新に用いられるサンプルの数 N_b をバッチサイズと呼ぶ．結果的にはデータセットに含まれる全てのデータを使用していくものの，一度の更新に用いるデータは N_b 個ずつである．

このようなミニバッチ学習を用いた勾配降下法を，確率的勾配降下法（stochastic gradient descent：SGD）と呼ぶ．現在の多くのニューラルネットワークの最適化手法はこの SGD をベースとした手法となっている．SGD を用いると，全体の計算時間が低減されるだけでなく，損失関数が複数の谷を持つ構造だったとしても，適当な条件の下で，ほぼ確実に局所最適解に収束することが知られている．

2.4 深層学習

深層学習は，機械学習の一つの手法で，「画像認識」「音声認識」「自然言語処理」などの分野で大きな成果をあげている．学習を行うニューラルネットワークにおいて層が深く，層が何段にも積み重なっていることから「深層」学習と呼ばれる．ここでは，詳しい計算方法の解説は文献[2),3),4)]などの成書に譲るとして基本的な事項についてまとめる．

深層学習のネットワーク構造の基本形態として，「深層階層型ニューラルネットワーク」，「畳み込みニューラルネットワーク」，「自己符号化器（Auto Encoder)」，「リカレントニューラルネットワーク」等がある（ボルツマンマシンのような相互結合型もあるが，ここでは紙面の関係上，割愛する）．畳み込みニューラルネットワークは，画像の認識・物体検出・セグメンテーションや画像生成などに用いられる．自己符号化器は出力データが入力データをそのまま再現するニューラルネットワークである．そのため，入力層から中間層への変換器は encoder，中間層から出力層への変換器は decoder と呼ばれる．中間層のノード数は入力データの次元数よりも小さくすることで，主成分分析の方に次元縮約が可能となる．また近年は，生成モデルとしても用いられており，出力と入力の再現誤差を利用して，異常検知問題にも広く利用されている．リカレントニューラルネットワークは時系列データ・シーケンスデータの分析や翻訳など自然言語処理の分野だけでなく，動画分析にも適用されている．図 2.5 にニューラルネットワークの基本形態を示す．

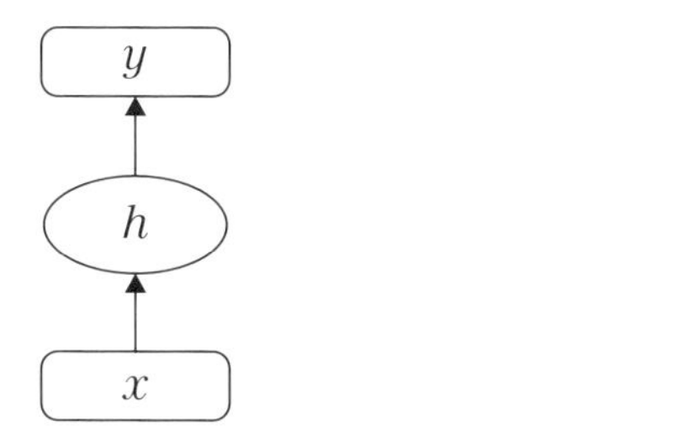

(a) フィードフォワード型ネットワーク

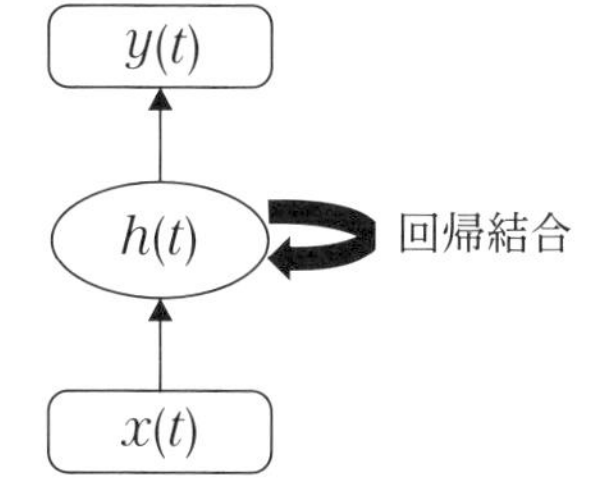

(b) リカレントネットワーク

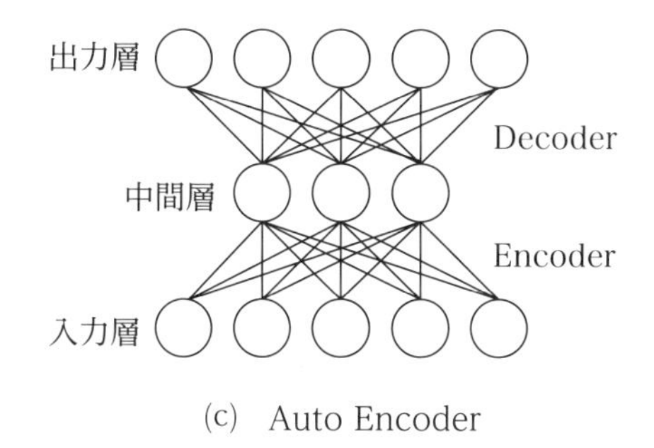

(c) Auto Encoder

図 2.5 ニューラルネットワークの基本構造

深層学習が現在のように大きな注目を集めるきっかけになったのは，2012 年に開催された大規模画像認識のコンペティション ILSVRC（ImageNet Large Scale Visual Recognition Challenge）だと言われている．その年に，深層学習による手法で圧倒的な成績で優勝し，画像認識に対するこれまでのアプローチを覆した．2012 年以降のコンペティションでは，常に深層学習が良い成績をおさめている．

深層学習は大量のデータを学習することで高い成果を挙げることが知られているが，与えられた情報の中で，システム自体が特徴を選択し，自動的にデータから分類や予測に最適な特徴を抽出する．これが従来の機械学習と異なる点である．従来の機械学習手法は，分類や予測に寄与するであろう特徴を人手で抽出してきたが，深層学習は人間の経験や勘による特徴抽出を行うことなく，自動的にこれらを行うことから，これまで把握できていない新たな特徴を見出す可能性があると言える（図 2.6）．現在，様々な分野への深層学習の展開がある．その一例を表 2.1 にまとめる．

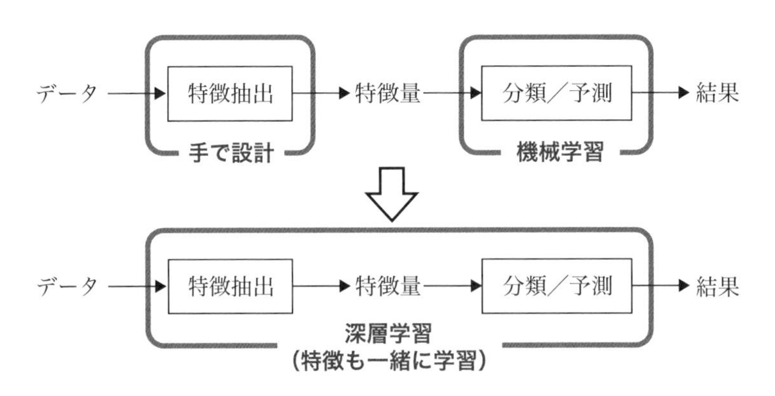

図 2.6　特徴抽出に対する変遷（上：従来型 AI，下：深層学習）

表 2.1 深層学習の研究例

機 能	役 割
物体認識	画像に何が写っているのか予測する
物体検出	画像に写る複数の物体に対して，その領域と物体名を特定する
セグメンテーション	画像のピクセルごとにカテゴリを予測（例えば人・木・車など）
生成（画像）	訓練データで用意した現実に存在するような画像を生成する
キャプション生成	画像を入力して，画像を説明する文章を出力する
画像変換	画像を超解像度化する．画像のノイズ除去などを行う
文章の自動仕分け	文章を入力して，記事の分類，スパムメールの判定などを行う
音声認識	音声を入力して，文字列を出力する
動画分類	動画を入力して，動画の種類を出力する
機械翻訳	英単語列（日本語列）から日本語列（英単語列）を出力する
対話	発語の単語列から，期待される応答の単語列を出力する
異常検知	センサ信号から，通常と異なる挙動を検出する
ロボット制御	センサ信号を入力して，アクチュエータ出力を調整する

次に，深層学習の中で最もよく用いられている畳み込みニューラルネットワークな概要を紹介する．畳み込みニューラルネットワーク（以下，CNN と称す）は，画像認識分野を中心に最も利用されている深層学習の一つである．CNN は図 2.7 に示すように，入力層（Input layer），畳み込み層（Convolution layer），プーリング層（Pooling layer），全結合層（Fully connected layer），出力層（Output layer）から構成され，畳み込み層とプーリング層は複数回繰り返して深い層を形成し，その後の全結合層も同様に何層か続く構成となる．この畳み込み層とプーリング層の繰り返しによるアーキテクチャのルーツは福島らにより提案された Neocognitron[5]という階層型神経回路モデルにあり，その後，LeCun らによって，誤差逆伝播法による学習法[6]が整備されて以来，CNN の基本技術が確立された．

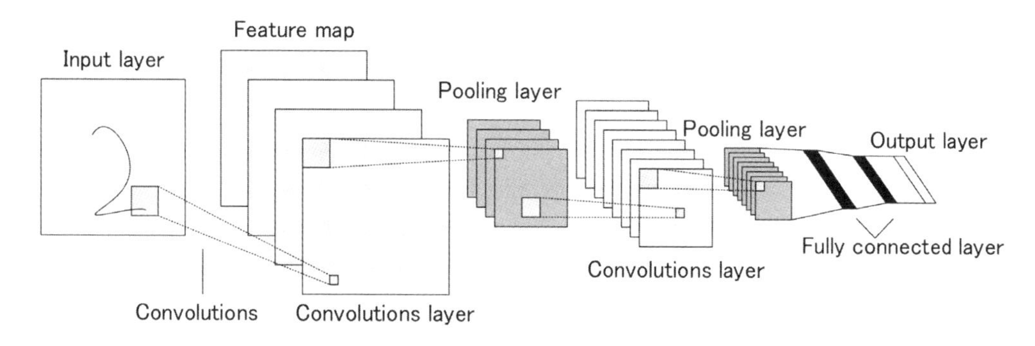

図 2.7 畳み込みニューラルネットワークの構成

畳み込み層の役割は，画像の局所的な特徴を抽出することである．1 層目の畳み込み層では，入力画像に対して，畳み込み処理を行い特徴マップを得る．

画像の畳み込み処理は，図 2.8 のように，入力に対して，フィルタの内積を計算する．具体的には，画像にフィルタを重ねた時，画像とフィルタの重なり合う画素同士の積を求めて，全体で和を求める計算である．なお，フィルタを畳み込む間隔は任意で決定できる．そして，畳み込んで得られた値を，シグモイド関数や正規化線形関数（Rectified Linear Unit: ReLU）などの活性化関数に与えて，その出力を特徴マップの値とし，次層に引き継ぐ．活性化関数では，ReLU が近年よく使われている．構成としては $f(u) = \max(0, u)$ の形式をとり，単純であるため，通常の多層ニューラルネットワーク等で用いられるシグモイド関数よりも計算量が少なく，正の値をとるユニットについては勾配が減衰せずに伝播し，最終的により良い結果が得られることが多い．また，畳み込み層への入力がカラー画像のように 3 チャンネルある場合は，フィルタは M×M（サイズ）×3 の 3 次元になる．2 層目以降の畳み込み層は入力が特徴マップになる．

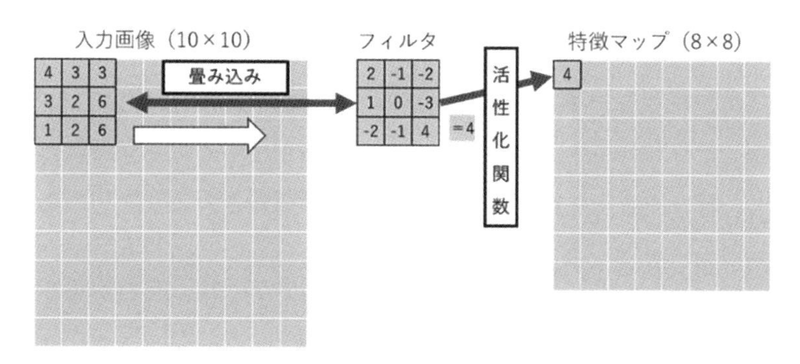

図 2.8 畳み込み処理

プーリング層は，畳み込み層から出力された特徴マップをまとめ上げ，縮小する役割を担う．このとき，着目する領域を指定し，その着目領域の特徴マップの値から新たな特徴マップの値を求める．着目領域を例えば2×2画素とするとその4個の画素値から，最大値を選ぶ最大プーリングや，平均値を選ぶ平均プーリングなどがある（図2.9）．

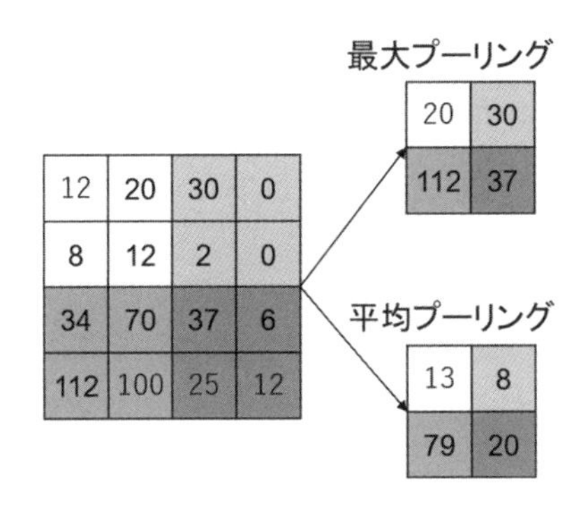

図2.9　プーリング処理

プーリング層を交えることで，位置変更への感度を下げ，小さな平行移動に対する不変性を持たせる役割を果たすことが分かっている．

全結合層では，多層ニューラルネットワークと同様に重み付き結合を計算し，活性化関数によりユニットの値を求める．全結合層の入力は畳み込み層またはプーリング層であり，これらの層は2次元の特徴マップであることから，全結合層に入力するために1次元情報に展開する．

出力層では，多層ニューラルネットワークと同様に，尤度関数を用いて，各クラスの尤度を算出する．具体的には，出力層にあるノードは，前層からの入力をもとに，前述のSoftmax関数を用いて，対応するクラスに対する所属確率を出力する．

畳み込みニューラルネットワークを用いた分類タスクの学習では，学習データとなるラベル付きサンプルの集合を対象に，各サンプルの分類誤差（前述の交差エントロピー等）を最小化することで行われる．この交差エントロピーが小さくなるように，各畳み込み層のフィルタや出力層に設置した全結合層の重みなどが更新されることとなる．

2.5 データ同化の概要

データ同化（Data Assimilation）[7),8)]とは，観測データと数値シミュレーションモデルを組み合わせ，モデルの再現性・予測性能を向上させるための手法であり，主として海洋学や気象学などの地球科学の分野で発達してきた．データ同化は逆問題とほぼ同義であるため，工学における逆解析手法とデータ同化手法には共通点も見られる．データ同化手法は観測値を一括して処理する非逐次型と，システムの時間発展をシミュレーションモデルで計算しながら，時々刻々と観測値を取り込んでいく逐次型に分けることができる．前者としては adjoint 法（四次元変分法，4D-VAR）[9]が，後者としてはカルマンフィルタ[10]，アンサンブルカルマンフィルタ（Ensemble Kalman Filter）[11]や粒子フィルタ[12),13]などが代表的な手法として挙げられる．カルマンフィルタは，システムのダイナミクスが線形モデル（線形の状態空間モデル）で記述でき，かつ同化対象である状態変数の確率分布がガウス分布で記述できる場合にのみ適用可能である．システムのダイナミクスが非線形である場合には，拡張カルマンフィルタ[14]が適用されてきたものの，非線形性の強いシステムを扱う場合には有効に機能しないことが報告されている．

現在，そのような非線形システムに対し，データ同化を行う方法として，アンサンブルカルマンフィルタ，粒子フィルタなど，状態変数の確率分布を多数の実現値（アンサンブル）で近似する方法が注目され，各種様々な領域で広く使用されている．ただし，アンサンブルカルマンフィルタは，高次元の問題にも適用可能であるが，システムの状態変数と観測データの間に線形の関係が成立することを前提としており，それが成立しない場合においては，妥当な計算結果を獲得できないことがある．一方，粒子フィルタは，システムのダイナミクスの特性に関わらず，容易に実装および適用できる方法として地球科学におけるモデリング・予測を行う主要なツールとなっている．例えば，海底地形データの誤差を修正することを目的として，浅水波方程式から構成される津波シミュレーションを解きながら，津波時の日本海沿岸での潮位データを同化することが試みられ，津波シミュレーションモデルにおいて重要な境界条件である海底地形データを推定することに成功している[15]．また，土木工学の分野への適用例に限定しても，構造物の振動応答を利用した動特性パラメタや損傷の同定[16-19]に関するもの，軟弱地盤の沈下量の推定や地盤パラメタの同定[20,21]に関するものなど数多くの研究事例がある．また，それらに加えて，これらの方法は状態変数の確率分布を多数の実現値で近似する方法であることから，未知量の状態推定だけでなく，信頼性評価へ拡張した研究[22,23]も幾つか報告されてきている．

本稿では，より一般的な時系列モデルに適用可能なアルゴリズムである粒子フィルタを冒頭で紹介し，粒子フィルタで生じるアンサンブルの退化問題を緩和する方法として，近年，中野らにより提案された融合粒子フィルタ[24]について説明を加え，最後に簡単な時系列データの同化を通じてプログラムの実装方法を解説する．

2.5.1　粒子フィルタの概要

粒子フィルタはアンサンブルカルマンフィルタと同様にアンサンブルベースの逐次ベイズフィルタの一種であり，モンテカルロフィルタ，またはブートストラップフィルタという名前で提案されたのが始まりである．ただし，現在では一般的に粒子フィルタと呼ばれ，シミュレーションモデルと観測データを逐次的に同化する手法として認知されている．

(1)　状態空間モデル

粒子フィルタは状態量の遷移を表す状態方程式 F（システムモデル）と状態量と観測量の関係を表す観測方程式 H（観測モデル）が以下のように表される状態空間モデルを対象とする．

$$\mathbf{x}_t = F(\mathbf{x}_{t-1}, \mathbf{v}_t) \tag{2-24}$$

$$\mathbf{y}_t = H(\mathbf{x}_t, \mathbf{w}_t)$$

ここで，状態方程式Fおよび観測方程式 H は非線形の関数である．また，モデル誤差に相当するシステムノイズ $\mathbf{v}$ と観測ノイズ $\mathbf{w}$ の確率分布は必ずしもガウス分布に従う必要はない．

(2)　粒子フィルタのアルゴリズム

粒子フィルタは，時刻 j までの観測値 $\mathbf{Y}_t = \{y_1, y_2, \cdots, y_j\}$ が与えられたとき，状態量そのものを同定するものではなく，図2.10に示すように状態量 $\mathbf{x}_t$ の条件付確率密度関数 $P(\mathbf{x}_t | \mathbf{y}_{1:j})$ を粒子と呼ばれる多数の実現値で近似し同定するアルゴリズムである．j と t の大小関係により，状態推定の問題は以下のように三つの場合に分類される．

$j < t$ の場合：予測分布

$j = t$ の場合：フィルタ分布

$j > t$ の場合：平滑化分布

ここで，予測分布 $p(\mathbf{x}_t | \mathbf{Y}_{1:t-1})$ とフィルタ分布 $p(\mathbf{x}_t | \mathbf{Y}_{1:t})$ を定義し，これらの条件付確率密度関数は N 個の粒子で近似されるとする．

$$p(\mathbf{x}_t | \mathbf{Y}_{1:t-1}) \approx \{\mathbf{x}_{t|t-1}^{(1)}, \mathbf{x}_{t|t-1}^{(2)}, \cdots, \mathbf{x}_{t|t-1}^{(N)}\} \tag{2-25}$$

$$p(\mathbf{x}_t | \mathbf{Y}_{1:t}) \approx \{\mathbf{x}_{t|t}^{(1)}, \mathbf{x}_{t|t}^{(2)}, \cdots, \mathbf{x}_{t|t}^{(N)}\} \tag{2-26}$$

ここで，$\mathbf{x}_{t|t-1}^{(i)}$，$\mathbf{x}_{t|t}^{(i)}$ はそれぞれ予測粒子，フィルタ粒子であり，予測分布，フィルタ分布を構成している．これら粒子の集合をアンサンブルと呼ぶ．よって N は粒子数もしくはサンプル数と呼ばれる．粒子数 N は多ければ確率密度関数の近似精度が向上するが，N の増加に伴って計算量が増加するため，問題に応じて適切に設定する必要がある．粒子フィルタの概念図およびそのアルゴリズムを図 2.11 と表 2.2 にそれぞれ示す．粒子フィルタの誘導に関する詳細は文献[12),13)]を参照されたい．

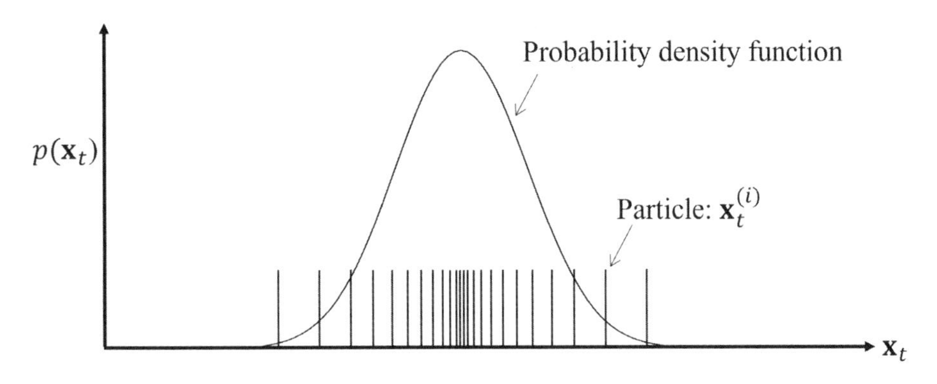

図 2.10　粒子による確率密度関数の近似

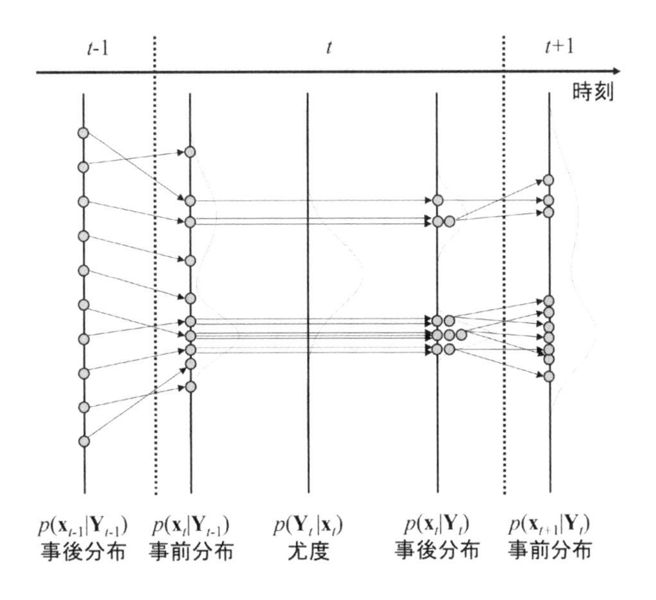

図 2.11　粒子フィルタにおける事前・事後分布の関係

表2.2　粒子フィルタによるデータ同化手順

Step1.	初期の確率分布 p_0 に従い，粒子 $\mathbf{x}_{0\|0}{}^{(i)}$ （$i=1,\cdots,N$）を生成する．
Step2.	各時間ステップ（$t=1,\cdots,T$）において，(a)~(d)のステップを繰り返す．
a）各粒子（$i=1,\cdots,N$）について，システムノイズを表現する乱数 $\mathbf{v}_{\mathrm{t}}{}^{(i)}\sim q(\mathbf{v})$ を生成する．	
b）各粒子 i について，状態方程式を用いて遷移を求め，予測分布のアンサンブル近似 $\left\{\mathbf{x}_{\mathrm{t\|t-1}}{}^{(i)}\right\}$ （$i=1,\cdots,N$）を獲得する． $\mathbf{x}_{\mathrm{t\|t-1}}{}^{(i)}=F\left(\mathbf{x}_{\mathrm{t-1\|t-1}}{}^{(i)},\mathbf{v}_{\mathrm{t}}{}^{(i)}\right)$	
c）各粒子 i について，尤度を求める． $\lambda_{\mathrm{t\|t-1}}{}^{(i)}=p\left(\mathbf{y}_{\mathrm{t}}\middle\|\mathbf{x}_{\mathrm{t\|t-1}}{}^{(i)}\right)$	
d）尤度に比例する確率で予測分布のアンサンブル近似 $\left\{\mathbf{x}_{\mathrm{t\|t-1}}{}^{(i)}\right\}$ （$i=1,\cdots,N$）を復元抽出（リサンプリング）し，フィルタ分布のアンサンブル近似 $\left\{\mathbf{x}_{\mathrm{t\|t}}{}^{(i)}\right\}$ （$i=1,\cdots,N$）を獲得する．	

表2.2のStep 2. b）では各粒子 i について，状態方程式 F により一期先予測を行う．例えば，粒子 i の情報（状態変数）をパラメタとして，状態方程式 F を構成する動的解析や有限要素解析に入力し，次ステップの予測を行うことに相当する．

Step 2. c）では，観測データ $\mathbf{y}_{\mathrm{t}}$ を用いて，各粒子の尤度を計算する．尤度とは各粒子がどの程度観測データに適合するかを表すものである．例えば，観測方程式が，$\mathbf{y}_{\mathrm{t}}=H\left(\mathbf{x}_{\mathrm{t|t-1}}\right)+\mathbf{w}_{\mathrm{t}}$ で表され，観測ノイズ $\mathbf{w}_{\mathrm{t}}$ がガウス分布に従い，平均が0，共分散行列が対角行列でその成分がすべて同一の σ^2 になるものと仮定した場合，尤度は以下のように計算される．なお，m は $\mathbf{y}_{\mathrm{t}}$ の次元である．

$$\lambda_{\mathrm{t|t-1}}{}^{(i)}=p\left(\mathbf{y}_{\mathrm{t}}\middle|\mathbf{x}_{\mathrm{t|t-1}}{}^{(i)}\right)=\frac{1}{\left(\sqrt{2\pi}\sigma\right)^m}\exp\left[-\frac{\left\|\mathbf{y}_{\mathrm{t}}-H\left(\mathbf{x}_{\mathrm{t|t-1}}{}^{(i)}\right)\right\|^2}{\sigma^2}\right] \tag{2-27}$$

Step 2. d）では，まず各粒子の尤度の和 $L_{\mathrm{t}}=\sum_{\mathrm{i=1}}^{N}\lambda_{\mathrm{t}}{}^{(i)}$ を計算し，各粒子の重み $\beta_{\mathrm{t}}{}^{(i)}=\lambda_{\mathrm{t}}{}^{(i)}/L_{\mathrm{t}}$ を計算する．

そして，アンサンブル $\left\{\mathbf{x}_{\mathrm{t|t-1}}{}^{(1)},\cdots,\mathbf{x}_{\mathrm{t|t-1}}{}^{(N)}\right\}$ から各粒子 $\left\{\mathbf{x}_{\mathrm{t|t-1}}{}^{(i)}\right\}$ が $\beta_{\mathrm{t}}{}^{(i)}$ の割合で抽出されるように復元抽出し，$\left\{\mathbf{x}_{\mathrm{t|t}}{}^{(1)},\cdots,\mathbf{x}_{\mathrm{t|t}}{}^{(N)}\right\}$ を生成する．なお，尤度 $\beta_{\mathrm{t}}{}^{(i)}$ の計算は，使用する観測モデルによって異なり，観測誤差が正規分布に従うとした尤度が用いられることが多い．なお，重み $\beta_{\mathrm{t}}{}^{(i)}$ は前述の通り，尤度から計算されるが，データが高次元である場合，

各粒子の尤度がアンダーフローを起こし，適切に重み $\beta_t^{(i)}$ を算出できないことがある．実際に，各粒子の重み $\beta_t^{(i)}$ の計算で必要なのは，尤度そのものではなく尤度の比である．そこで，重み $\beta_t^{(i)}$ を以下のような手順で求めることで，データが高次元であるときに生じやすい尤度のアンダーフローを回避できる．

① 全粒子のうち，対数尤度 $l^{(i)} = \log\lambda_t^{(i)}$ が最も大きい粒子を選び，その粒子を $\mathbf{x}^{(k)}$，その対数尤度を $l^{(k)}$ とする．

② 各粒子（$i = 1, \cdots, N$）について，$\Psi^{(i)} = \exp\left(l^{(i)} - l^{(k)}\right)$ を計算する．

③ $\Omega = \sum_{i=1}^{N}\Psi^{(i)}$ を計算する．

④ $\beta^{(i)} = \Psi^{(i)}/\Omega$ で重みが計算される．

粒子フィルタの最大の特長は，線形性やガウス性などの仮定を一切置かないことであり，任意のモデルおよび確率分布に適用できる．しかし，時間ステップを進めて復元抽出を繰り返すうちに，アンサンブル内の特定の粒子のみが複製されてしまう「退化」と呼ばれる問題が生じ，アンサンブル内の多様性が失われ，本来の広がりを持った確率分布の近似精度が著しく低下する．その結果，適切な状態推定ができなくなってしまうという問題が起こる．アンサンブルの退化を回避するには，復元抽出を繰り返しても，アンサンブル内にある程度多様な粒子が残るように，粒子の数を十分に多くする必要がある．ただし，そうすると粒子の数だけ Step 2 b）の一期先予測を行う必要があり，粒子数を増やせばそれだけ計算コストがかかることになる．特に，大規模シミュレーションモデルを扱う場合などは，計算機資源の観点からも粒子数を増やすこと自体が困難となる．粒子フィルタが提案されて以降，粒子フィルタを改良したアルゴリズムが数多く提案されているが，ほとんどのアルゴリズムが，退化の問題を解決することを目的としている．

2.5.2　融合粒子フィルタの概要

アンサンブルの退化が起こりにくく，計算コストがそれほど増大しない方法として提案されたものが融合粒子フィルタ（Merging Particle Filter）である．これは粒子フィルタと同様に N 個の粒子からなるアンサンブルを用いながら，逐次的に予測分布，フィルタ分布を求めていくアルゴリズムである．ただし，粒子フィルタのように単純に尤度の大きさに従って粒子の復元抽出を行うのではなく，尤度に従いランダムに選んだ n 個以上の粒子を線形結合することによって多様性のあるアンサンブルを生成し，退化を抑制する．例えば，尤度に従いランダムに選んだ $n = 3$ 個のサンプル $\hat{x}_t^{(j,i)}$ から新しい粒子 $x_t^{(i)}$ を生成する場合，次式のように計算される．

$$x_{\mathrm{t}}^{(i)} = \sum_{j=1}^{n(=3)} \alpha_{\mathrm{j}} \hat{x}_{\mathrm{t}}^{(j,i)} \tag{2-28}$$

ここで，上付き文字jはリサンプリングされた粒子番号である．α_{j}は重み係数であり，以下の2つの条件を満たすように設定する．

$$\sum_{j=1}^{n} \alpha_{\mathrm{j}} = 1, \quad \sum_{j=1}^{n} \left(\alpha_{\mathrm{j}}\right)^2 = 1 \tag{2-29}$$

これらの重み付き和を取るサンプルは3個以上であればアンサンブルの統計量のうち1次，2次モーメント（平均・共分散）まで正確に保存される．

三つのサンプルから新しい粒子を生成する場合，重み係数α_{j}は$-1/3$から1の範囲の数値となり，どれか一つが決まると残り二つの係数は自動的に決定される．α_1が1に近い場合，$\hat{x}_{\mathrm{t}}^{(j,i)}$の近くに新しい粒子が生成され，小さくすると離れた場所にも生成される．また，この重み付き和をとるサンプルの数nが一つだけならば通常の粒子フィルタとなり，また$n = 2$の場合も上記条件を満たすためには，重みα_{j}のどちらか一方を0にする必要があることから通常の粒子フィルタとなる．

2.5.3　データ同化の具体例

ここでは，粒子フィルタのデモンストレーションとしてよく引用される以下の1次元非線形モデルのフィルタリング問題を考える．

$$\text{状態方程式：}\quad x_{\mathrm{t+1}} = \frac{1}{2} x_{\mathrm{t}} + \frac{25 x_{\mathrm{t}}}{1 + \left(x_{\mathrm{t}}\right)^2} + 8\cos\left(1.2t\right) + w_{\mathrm{t}} \tag{2-30}$$

$$\text{観測方程式：}\quad y_{\mathrm{t}} = \frac{\left(x_{\mathrm{t}}\right)^2}{20} + v_{\mathrm{t}}, \qquad t = 0, 1, \ldots$$

この式は，状態値が正または負の領域において，しばらくの間，時間変化を繰り返し，時々，正の領域から負の領域に，また負の領域から正の領域に急変するという性質を持つ．一方，観測値は状態値x_{t}の2乗から得ており，状態値の符号情報が欠落して観測されることが特徴である．図2.12に初期状態および雑音を$x_0 = 0, w_{\mathrm{t}} \sim N(0,\ 1), v_{\mathrm{t}} \sim N(0,\ 1)$として生成した1つの系列を示す．

図2.13に状態値の推定結果を示す．点線が真の状態値，実線が推定結果である．なお，本例では，粒子数を500としている．推定結果を見ると，観測値はほぼ正であるにもか

かわらず，状態値は真の値に近い結果が得られていることが分かる．以下に matlab で実装したこれらのプログラム例（図 2.14）を示す．

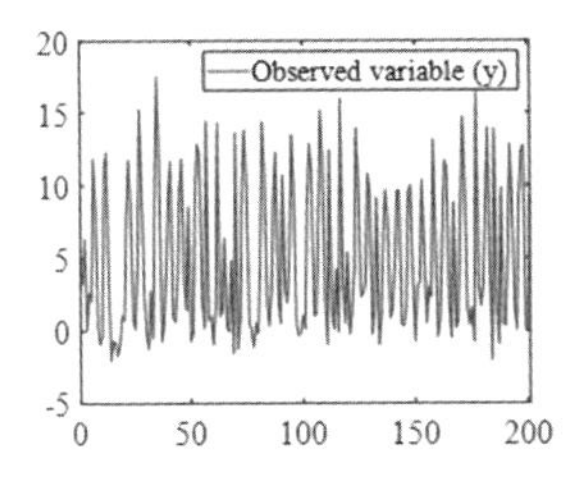

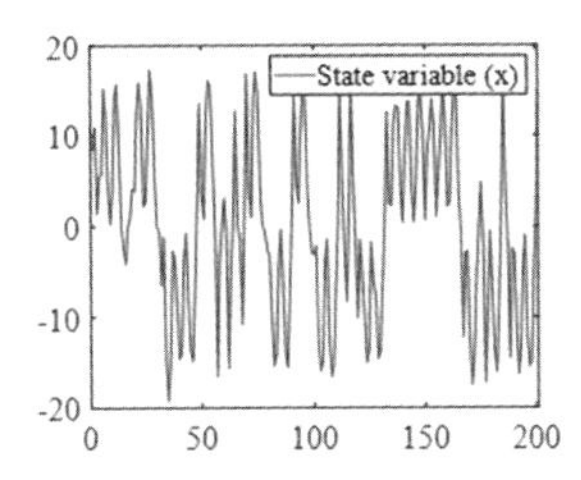

図 2.12　状態値（左）と観測値（右）

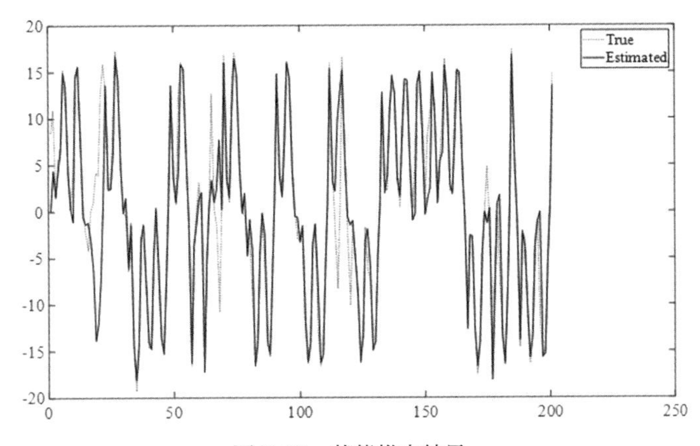

図 2.13　状態推定結果

```
%%%　本プログラムは粒子フィルタを用いて，非線形モデルの状態変数を推定する.
%%%　観測データは状態変数の 2 乗に比例する値.
%%%　非線形モデル構造は既知であるものの，推定には観測データしか使用できない.
clear;
set(0,'DefaultAxesFontName','Times') % グラフ化するときのフォントを Times に指定
set(0,'DefaultAxesFontSize',24);          % グラフ化するときのフォントサイズを 24pt に指定
x0 = 0; % 状態変数 x の初期値
t0 = 0; % 時刻の初期値
N_timestep = 200; % 時間ステップ数
x = zeros(1,N_timestep); % 状態変数 x( 真値 ) の領域初期化 (200 ステップ分 )
y = zeros(1,N_timestep); % 観測変数 y( 真値 ) の領域初期化 (200 ステップ分 )

% 非線形モデルの設定
x(1)=0.5*x0+(25*x0)/(1+(x0)^2)+8*cos(1.2*t0)+randn(1); % 状態方程式
y(1)=(x(1)^2)/20+randn(1);                                   % 観測方程式
% シミュレーション ( 真値の生成．y(t) しか観測できない状況下で，状態変数 x(t) を推定する )
for t=1:1:N_timestep-1
   x(t+1)=0.5*x(t)+(25*x(t))/(1+(x(t)^2))+8*cos(1.2*t)+randn(1);
   y(t+1)=(x(t+1)^2)/20+randn(1);
end
```

```
N_particles = 500; % 粒子数の設定
pre_x = zeros(N_particles,N_timestep); % 状態変数の分布 ( 各粒子の予測値 ) を格納する領域確保
pre_y = zeros(N_particles,N_timestep); % 観測変数の分布 ( 各粒子の予測値 ) を格納する領域確保
mean_x = zeros(1,N_timestep);          % 各時間ステップにおける粒子の作る分布の平均値 ( 期待値 ) を格納する領域確保
nLlkh = zeros(N_particles,N_timestep); % 各粒子の対数尤度を格納するための領域確保
% 時間ステップ t=0, t=1 における観測データの予測値の設定 (pre_y と y の適合度 ( 尤度 ) から状態変数を推定する )
for k=1:N_particles
  pre_y(k,1)=(x0^2)/20+randn(1);
end
var_y = 1; % 尤度を計算する際の分散 ( ここでは，観測方程式 (24 行目 ) のノイズの分散としている )

%%%%%%% 粒子フィルタの計算
for t = 1:1:N_timestep-1 % 時間ステップのループ
  for k = 1:1:N_particles % 粒子のループ
    % 粒子の予測ステップ
    % 状態方程式に従って状態変数の次ステップの予測分布を得る
    pre_x(k,t+1)=0.5*pre_x(k,t)+(25*pre_x(k,t))/(1+(pre_x(k,t))^2)+8*cos(1.2*t)+randn(1);
    % 観測方程式に従って観測データの次ステップの予測分布を得る
    pre_y(k,t+1)=(pre_x(k,t+1)^2)/20+randn(1);
    % 尤度の計算 ( 尤度・対数尤度の計算 )
    A = -log(sqrt((2*pi).*(var_y)));
    B =-0.5/var_y;
    D = y(t+1)-pre_y(k,t+1);
    D2 = D' * D;
    nLlkh(k,t) = A + B * D2; % 時間ステップ t における粒子番号 k の対数尤度
  end % 粒子のループ ( ここまで )
  % 尤度比の計算 ( 各粒子の重みの計算 )
  L_log = nLlkh(:,t); % 対数尤度のコピー
  LL = exp(L_log - max(L_log)); % 最大対数尤度との差を計算を指数関数に代入
  Q = LL / sum(LL); %  尤度に比例した値に変換
  R = cumsum(Q); %   累積和分布 (R は 0 から 1 の値となる )
  % リサンプリング処理
  T1 = rand(1, N_particles);
  [~, ~, index] = histcounts(T1, R);
  pre_x(:,t+1) = pre_x(index+1,t+1); % 予測分布からフィルタ分布になる.
  % 状態変数の期待値 ( 算術平均 ) の保存．期待値を最頻値にする際は , mode 関数を指定
  mean_x(1,t+1)=mean(pre_x(:,t+1));
end % 時間ステップのループ ( ここまで )
%%%%%%% 粒子フィルタの計算 ( ここまで )
figure;
plot(1:N_timestep,x)
legend( ‘State variable (x)');
figure;
plot(1:N_timestep,y)
legend( ‘Observed variable (y)');
figure;
plot(1:N_timestep,x,1:N_timestep,mean_x(1,:))
legend( ‘True (x)','Estimated (x)');
```

図 2.14　matlab による粒子フィルタのプログラム例

2.6 遺伝的アルゴリズムの概説

2.6.1　遺伝的アルゴリズム

遺伝的アルゴリズム（Genetic Algorithms：GA）[25)-29)]は，生物の進化の過程に着想を得た確率的探索手法のひとつである．GA は，AI 本来の目的，人間のような知能を人工的に再現する技術というよりは，広義の AI，実世界の問題の解決に重点を置いた技術のひとつであるといえる．1970 年頃にミシガン大学のジョン・ヘンリー・ホランド（John Henry Holland）が GA を考案し，ホランドやホランドの学生であったデイビッド・エドワード・ゴールドバーグ（David Edward Goldberg）らによって研究が進められてきた[29)]．GA は，組み合わせ最適化問題の効率的かつ効果的な解法として知られており，土木工学の分野[30),31)]をはじめ，新幹線 N700 系の先頭車両の形状の設計やゲーム分野[32),33)]など，様々な分野で応用されている．

GA は，最初にランダムに作成した問題の答えを組み合わせながら，さらにより良い答えを確率的に探索する．このため，問題の正解（厳密解などという）を必ず探索できるという保証はないが，現実的な時間で実用上満足できる答えを探索することができる．また，問題の解き方は厳密にはわからないが，問題の答えの良さは評価できるような種類の問題にも適用できる．GA の処理の流れはシンプルで理解しやすく，プログラムによる実装も比較的容易である．本節では GA の概要を説明し，ナップサック問題と巡回セールスマン問題という代表的な組み合わせ最適化問題を対象に Python による GA の実装例を説明する．

2.6.2　遺伝的アルゴリズムの流れ

本項では，GA で用いられる用語を説明し，GA の基本的な流れを説明する．GA は様々な改良型が提案されているが，ここでは基本となる単純な GA を説明する．

GA における問題の解は，一般的には数字や文字の並びにより表現される．問題の解候補を個体（individual）という．個体はいくつかの染色体（chromesome）により構成される．GA の多くの例では 1 つの染色体で 1 つの個体を表す場合が多い．染色体は複数の遺伝子（gene）から構成される．各遺伝子の位置を遺伝子座（locus）といい，ある遺伝子座において，遺伝子が取り得る値を対立遺伝子（allele）という．プログラムでは，染色体は配列やリストを用いて表現されることが多い．遺伝子座と遺伝子は，それぞれ配列の位置と値に相当する．複数の個体からなる問題の答えの集団を個体群（population）という．各個体は，問題に対してどの程度よい解かを表す適応度（fitness）を持つ．適応度は，適合度あるいは評価値ともいう．GAでは，現実の問題の解を遺伝子の組み合わせとしてうまく表現することが求められる．GAで用いるためにコード化した解表現を遺伝子型（genotype），問題の解表現そのものを表現型（phenotype）という．遺伝子型と表現型の対応をコーディングルールという．

GAの主な用語と例を図2.15に示す．図2.15は0または1のビットの配列で構成された染色体（chromosome）の例を示している．各配列の要素が遺伝子（gene）であり，配列の添字が遺伝子座（locus）である．遺伝子が取り得る値は0または1であるため，対立遺伝（allele）子は0または1となる．染色体に特徴づけられた解表現を個体（individual）といい，個体の集団を個体群（population）という．図2.15の例では，1のビットの数を適応度（fitness）としている．

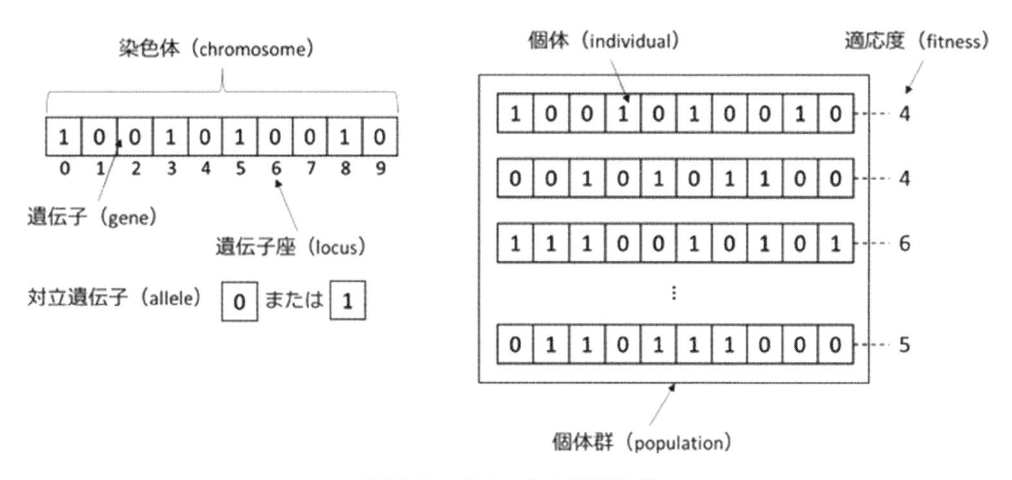

図2.15　GAの主な用語と例

GAの流れを図2.16に示す．まず，問題の答えの候補（解候補）となる個体群をランダムに生成する．次に，生成した個体に対して，問題に対してどの程度よい解かを表す適応度を付与する．その後，個体群に対して選択，交叉，突然変異などの遺伝的操作（遺伝的オペレータともいう）を適用し，次の世代の解候補を生成する．選択（selection）では次の世代に残す解候補をいくつか選ぶ．交叉（crossover）では任意に親個体を選び，親個体を組み合わせて子個体を生成する．突然変異（mutation）では個体を選び，個体の一部をランダムに変更する．突然変異は解の多様性を維持するために実施される．GAは，遺伝的操作により，適応度の高い解同士を組み合わせ，変化させることで，より適応度の高い解を探索する．

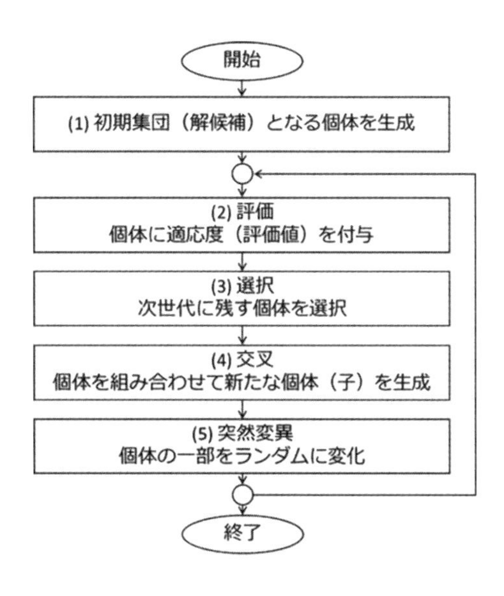

図 2.16　GA の流れ

2.6.3　代表的な遺伝的操作

本項では，GA で一般的に用いられる選択，交叉，突然変異の遺伝的操作を説明する．GA では，遺伝的操作の組み合わせにより，アルゴリズムの性能が左右される．これらは問題に応じて試行錯誤しながら調整する必要がある．

(1)　選択

選択（selection）は，解候補の中から次の世代に残す解候補を決定する操作である．選択された個体に対して，交叉や突然変異など次の世代の個体を生成するための遺伝的操作を適用する．選択では，基本的には適応度の高い個体ほど次の世代に残すような方法が用いられる．ただし，選択によって同じような個体のみが選ばれると，局所的に適応度の高い個体のみが残り，探索が進まなくなる可能性もある．したがって，ある程度の個体の多様性を維持しながら次世代の解候補を選択することが望ましい．主な選択方法には，ルーレット戦略，トーナメント戦略やエリート戦略などがある．

1）　ルーレット戦略

ルーレット戦略は，適応度比例選択ともいい，個体の適応度の高さによって，次の世代に残す個体の選択確率を決定する方法である．ある個体 i の適応度を f_i とすると，ある個体が次の世代に残る確率は，全個体（N 個）の適応度の合計（$\sum_{j=1}^{N} f_\mathrm{j}$）に対する個体の適応度の割合（$f_\mathrm{i} \big/ \sum_{j=1}^{n} f_\mathrm{j}$）となる．ルーレット戦略では，適応度の高い個体ほど選択される確率が高くなる．

2）　トーナメント戦略

トーナメント戦略は，全個体からいくつかの個体をランダムに選び，選ばれた個体の中で適応度の高い個体を次の世代に残す戦略である．

3）　エリート戦略

エリート戦略は，適応度の高い上位 x [%] の個体を無条件で次の世代に残す手法である．エリート戦略は，各世代の最良解を次の世代に残すために用いる．エリート戦略は単独で用いるのではなく，ルーレット戦略やトーナメント戦略など他の戦略と組み合わせて用いる．

⑵　交叉

交叉（crossover）は２つの親個体を組み合わせて，新しい個体を作る操作である．代表的な交叉手法には，一点交叉，多点交叉や一様交叉がある．巡回セールスマン問題では，巡回路のような重複を許さない順列を解表現として用いる．このような順列を対象とした交叉方法には，順序交叉や部分一致交叉がある．

1）　一点交叉，多点交叉

一点交叉は２つの親個体の任意の点をランダムに分割し，親個体の前半部分と後半部分をそれぞれ入れ替えて子個体とする操作である．一点交叉を複数点に一般化したものを多点交叉という．多点交叉は，個の点をランダムに選び，親個体の遺伝子を入れ替える．一点交叉の例を図 2.17⒜，多点交叉のうち，とする二点交叉の例を図 2.17⒝に示す．図 2.17⒜の一点交叉では親１と親２を４番目と５番目の遺伝子の間で区切り，親１の前半部分と親２の後半部分を組み合わせて子１を生成する．同様に親１の後半部分と親２の前半部分を組み合わせて子２を生成する．図 2.17⒝の二点交叉では，３番目と４番目の遺伝子の間，７番目と８番目の遺伝子の間で区切り，親１と親２の遺伝子を入れ替えて，子１と子２を生成する．

2）　一様交叉

一様交叉は，0，1のランダムなビット列からなるマスクパターンを用いて任意の点で交叉させる手法である．図 2.17⒞に一様交叉の例を示す．図 2.17⒞の子１の遺伝子は，マスクパターン０の遺伝子座と対応する遺伝子については親１の遺伝子より，マスクパターン１の遺伝子座と対応する遺伝子については親２の遺伝子より生成する．子２ではマスクパターン 0 と 1 の対応を逆にして生成する．

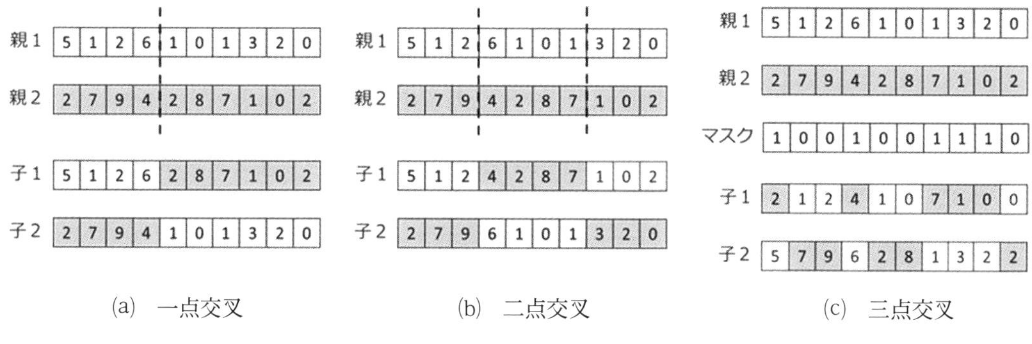

図 2.17　一点交叉，二点交叉，一様交叉

3)　部分一致交叉

部分一致交叉と順序交叉は，順列を考慮した交叉手法である．図 2.18 (a)および図 2.18 (b)では 0 から 9 の重複を許さない順列で表現された個体の交叉例を示す．このような個体に単純に一点交叉や一様交叉を適用すると，遺伝子内に同じ値を持つ遺伝子が発生してしまう．したがって，交叉において遺伝子の値の重複が発生しないよう工夫が必要となる．

部分一致交叉の手順を以下で説明する．まず，ランダムに交叉点 2 点を選ぶ．そして，交叉点内の遺伝子はそのまま入れ替え，子の遺伝子とする．このとき，親個体間の入れ替えた遺伝子の対応のペアを作成する．次に，対応のペアに含まれない遺伝子を親から子へとコピーする．対応のペアに含まれる遺伝子は，対応のペアを参照して遺伝子をコピーする．

図 2.18 (a)の例では，3 番目と 4 番目の遺伝子の間，8 番目と 9 番目の遺伝子の間を交叉点とする．親 1 と親 2 の 4 番目から 8 番目までの間の遺伝子は，そのまま子 1 と子 2 の遺伝子にそのままコピーする．対応のペアは，6 ↔ 4，0 ↔ 3，4 ↔ 5，8 ↔ 8 となる (0 ↔ 3，3 ↔ 0 は順不同)．次に，対応のペアに含まれない遺伝子を親から子へとコピーする．親 1 の 1，2，7，9 は同じ遺伝子座で子 1 にコピーする．親 1 の遺伝子 5 は，対応のペアを参照する．親 2 の遺伝子 4 は親 1 の遺伝子と交換され，親 1 の遺伝子 4 は親 2 の遺伝子 6 と交換されることから，遺伝子を 5 → 4 → 6 と参照し，子 1 の遺伝子は 6 となる．

4)　順序交叉

順序交叉の手順を以下で説明する．まず，ランダムに交叉点 2 点を選ぶ．そして，交叉点内の遺伝子はそのまま入れ替え，子の遺伝子とする．次に，親個体の2点目の交叉点以降の順列を子にコピーする．このとき，すでに子に遺伝子が含まれる場合は，コピーしない．

図2.18(b)の例では，3番目と4番目の遺伝子の間，8番目と9番目の遺伝子の間を交叉点とする．親2の2点目の交叉点以降の順列は，2→1→7→6→9→4→3→0→5→8である．この順列を子1にコピーする．子1には，すでに6，0，3，4，8の遺伝子が含まれることから，親2の順列より，これら重複部分を除去し，2→1→7→9→5を子1の2点目の交叉点以降にコピーする．子2の場合も親1から同様の手順で作成する．

(1) 交叉点2点をランダムに選び，交叉点内の遺伝子を入れ替える．
入れ替えた遺伝子のペア（6↔4，0↔3，4↔5，8↔8）を作成する．

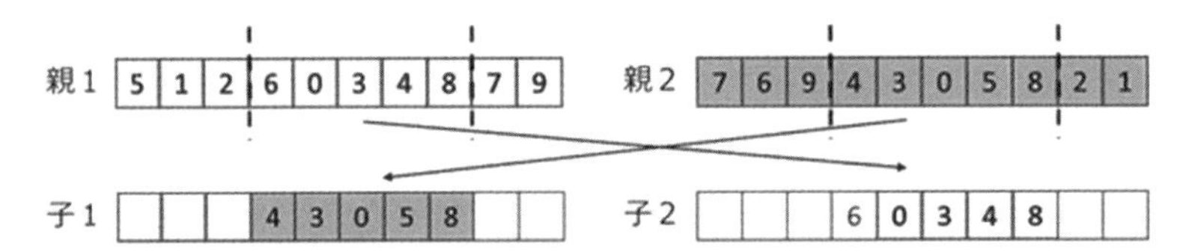

(2) ペアに含まれない遺伝子は親の遺伝子をコピーする．

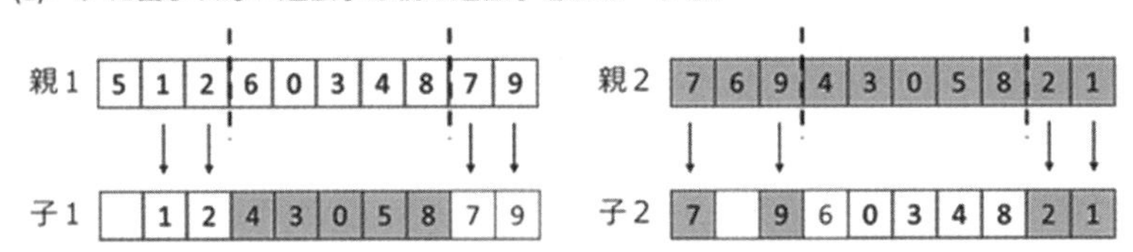

(3) ペアに含まれる遺伝子は入れ替えのペアを参照してコピーする．

(a)　部分一致交叉

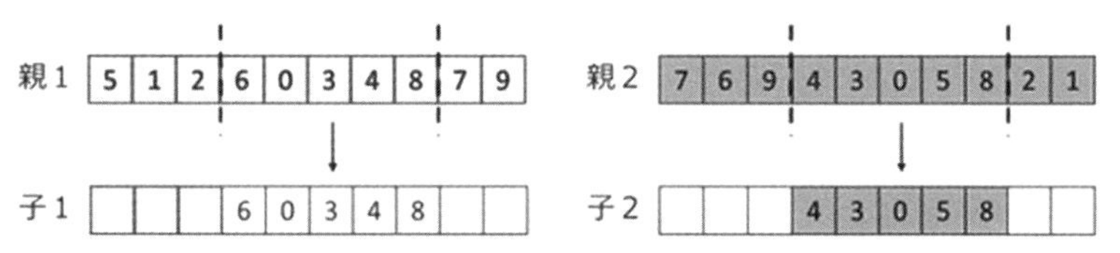

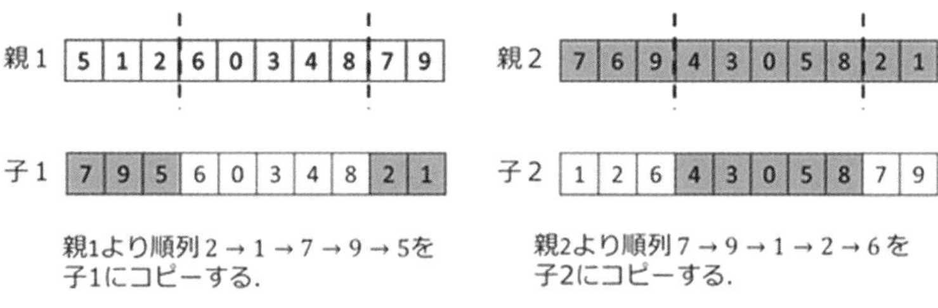

(b)　順序交叉

図 2.18　部分一致交叉，順序交叉

(3)　突然変異

突然変異（mutation）は，遺伝子をランダムに変更する操作である．突然変異は解の多様性を確保するために行われる操作である．代表的な突然変異の手法には，任意の遺伝子をランダムに変更する操作や，任意の 2 つの遺伝子を入れ替えるスワップ操作があげられる．

2.6.4　Python による GA の実装

本項では，ナップサック問題および巡回セールスマン問題という組み合わせ最適化の代表的な問題を取り上げ，Python による GA の実装例を示す．開発環境は Windows 10，Python の環境は Windows 版の Anaconda を用いる．Python のバージョンは 3.8.8，GA の実装は Python の進化的計算のフレームワークである DEAP（Distributed Evolutionary Algorithms in Python）[34),35)] のバージョン 1.3.1 を用いる．本節では紙面の都合上，DEAP の使用方法の要点のみ説明する．DEAP の詳細な説明は英語版のチュートリアル[36)] などを参照されたい．日本語の情報として，著者の知る限りでは DEAP を扱った書籍は見られないが，Web 上より DEAP の使用方法などを解説したいくつかの記事が入手できる．また，本節で説明するプログラムの全体像は付録に掲載する．DEAP をインストールするには，Anaconda より以下のコマンドを実行する．

```
$ conda install -c conda-forge deap
```

以降は，ナップサック問題と巡回セールスマン問題を対象に DEAP による GA の実装例を示す．

2.6.5　ナップサック問題

(1)　問題の概要

ナップサック問題は，重さと価値を持つ複数の商品の中から，ある総重量以内で，価値の合計を最大にするような商品の組み合わせを求める問題である．ここでは例として，表 2.4 に示す 30 商品を対象に重さ 30 以内で価値を最大にするような商品の組み合わせを求める問題を考える．この例題では，商品ごとに商品を含めるか／含めないかの場合が 30 通りあり，$2^{30} = 1073741824$ 通りの組み合わせが考えられる．商品の数が増えるほど指数が大きくなり，すべての組み合わせを調べることが困難となる．このため，確率的に解を探索する手法である GA が有用な解法となる．

表 2.3　ナップサック問題の例題

価 値	重 さ	価 値	重 さ	価 値	重 さ
16	10	25	3	11	8
7	3	15	7	18	9
2	3	32	1	17	10
13	9	5	8	33	10
31	10	33	9	10	4
29	10	8	5	10	5
13	2	49	8	17	7
22	7	7	6	9	4
39	7	39	7	37	3
23	6	50	9	16	10

(2)　DEAP による実装例

DEAP による GA の実装は大きくわけると 4 ステップから構成される．Step 1：GA の個体の実装，Step 2：目的関数の実装，Step 3：交叉，突然変異など GA の遺伝的操作の実装，Step 4：GA の実行部分の実装である．以降では 4 ステップの順に DEAP を用いた GA の実装を説明する．これらのステップは，説明のわかりやすさのために著者がつけたもので，DEAP の公式によるものではない．プログラムの全体像は knapsack.py として付録に掲載する．

Step 1：GA の個体の実装

Step 1 では，GA の個体を実装する．まず，GA の適応度の評価尺度と個体の型を定義する．実装例を以下に示す．

```
creator.create('FitnessMax', base.Fitness, weights=(1.0,))
creator.create('Individual', list, fitness=creator.FitnessMax)
```

DEAP には，個体を簡易に実装できるように deap.creator モジュールが用意されている．deap.creator.create 関数は，クラスを簡易に定義するための関数である．create 関数は，第 2 引数で指定したクラスを継承して，第 1 引数で指定した名前を持つクラスを新たに定義する．第 3 引数以降には，新しいクラスのインスタンス変数を Python のキーワード引数の形式で指定する．

1 行目では，対象問題の目的関数がひとつか複数か（単目的か多目的か），適応度が高いほどよいか小さいほどよいか（最大化か最小化か）といった適応度の評価尺度を定義する．ナップサック問題の例題は，価値の合計を最大にするような商品の組み合わせを求める問題である．ここでは，価値を最大化する（単目的）最大化問題として解と考える．これを DEAP では，deap.base.Fitness を継承した FitnessMax クラスを定義することで実装する．適応度の評価尺度は，第 3 引数の weights で指定しており，目的関数がひとつで適応度を最大化する場合，(1.0,) などとする．weights は Python のタプル型で指定する必要がある．Python のタプル型は, 要素が 1 個のタプルには末尾にカンマ (,) をつける必要があり，1.0 のあとに「,」が必要となる．正負で最大化か最小化かを指定し，最小化の場合は − 1.0 などとする．weights 内の実数は適応度の重みを表す．

2 行目では，GA の個体を定義する．ナップサック問題の例題では，商品の総数と同じ要素を持つリストで個体を表現する．リストの要素は，商品を含めるか／含めないかのいずれかであり，1 または 0 の 2 値をとる．2 行目では，個体はリスト型を継承する Individual クラスとして定義し，fitness 属性に先ほど定義した FitnessMax クラスを指定する．

次に，進化計算に必要となる各種関数を格納するツールボックスを定義する．DEAP では，ツールボックスに進化計算で用いる関数を定義し，ツールボックスを経由して各種関数を呼び出す実装をする．ツールボックスの実装例を以下に示す．

```
toolbox = base.Toolbox()
toolbox.register('attr_bool', random.randint, 0, 1)
toolbox.register('individual', tools.initRepeat, creator.Individual, toolbox.attr_bool, 30)
toolbox.register('population', tools.initRepeat, list, toolbox.individual)
```

ツールボックスは，deap.base モジュールが提供する Toolbox クラスを用いる．Toolbox クラスには，関数に別名をつけて新しい関数を定義する register 関数が用意されている．register 関数は，第２引数で指定した関数に第１引数で指定した別名をつけ，Toolbox に登録する．第３引数以降は，第２引数で指定した関数を呼び出すときに自動的に渡すデフォルトの引数を指定する．登録した関数は，以降，「toolbox. 関数名（第１引数で指定した別名)」で使用できる．

２行目では，GA の個体を生成する attr_bool を定義し，toolbox に登録する．attr_bool は random.randint (0，1) の別名となる．random.randint (a，b) 関数は Python の組み込み関数であり，$a \leqq N \leqq b$ であるようなランダムな整数 N を返す．したがって，random.randint（0，1）は，０または１の乱数を生成する関数となる．３行目では，tools.initRepeat 関数の別名として，individual を定義し，toolbox に登録する．tools.initRepeat（container，func，n）関数は，第３引数で指定した回数分，第２引数で定義した関数を実行し，その結果を第１引数で指定した変数に格納する．したがって，３行目は，toolbox.attr_bool 関数を 30 回実行し，その結果を creator.Individual に格納して返す関数となる．４行目は，個体群となるリスト型の population を定義する．３行目で定義した toolbox.individual 関数を n 回実行し，list に格納する．３行目と異なり，４行目では tools.initRepeat 関数の第３引数 n が定義されていない．この n の定義は後ほど GA の実行時に指定する．たとえば，toolbox.population（10）と指定すると，toolbox.individual 関数を 10 回実行し，個体数 10 の個体群を生成する．toolbox.population（30）と指定すると個体数 30 の個体群を生成する．

Step 2：目的関数の実装

目的関数は，GA の個体（individual）を第１引数とし，個体の適応度を返す関数として定義する．目的関数の実装例を以下に示す．

```
def evalKnapsack(individual):
    # 重さ
    weight = [10, 3, 3, 9, 10, 10, 2, 7, 7, 6, 3, 7, 1, 8, 9,
              5, 8, 6, 7, 9, 8, 9, 10, 10, 4, 5, 7, 4, 3, 10]
    # 価値
    value = [16, 7, 2, 13, 31, 29, 13, 22, 39, 23, 25, 15, 32, 5, 33,
             8, 49, 7, 38, 50, 11, 18, 17, 33, 10, 10, 17, 9, 37, 16]
    total_weight = np.dot(weight, individual)
    total_value = np.dot(value, individual)

    # 重さの制約以内かどうか
    if total_weight <= 30:
        return total_value,
    else:
        return -total_weight,
```

上記実装では，表 2.3 の重さと価値をリストとして定義し，個体との積和をとる．積和は数値計算ライブラリの NumPy の numpy.dot 関数を用いている．重さの合計が規定値（例題では 30）以下であれば，制約を満たしているため，総価値を適応度として返す．そうでない場合は，重さの合計を負の数として返す．目的関数は最大化のため，重さの制約を満たしていない場合は，重さの合計が小さい方を良い解とし，まず制約を満たすようにしている．

Step 3：GA の遺伝的操作の実装

Step 3 では，交叉や突然変異など GA の遺伝的操作を実装する．DEAP の deap.tools モジュールには，一点交叉，二点交叉，部分一致交叉などのよく使われる遺伝的操作が実装されている．DEAP では，GA でよく使われる遺伝的操作の関数は，deap.tools モジュールに定義されており，基本的にはこれら定義済の関数を組み合わせて，遺伝的操作を実装する．ナップサック問題に用いる遺伝的操作の実装例を以下に示す．

```
toolbox.register('evaluate', evalKnapsack)
toolbox.register('mate', tools.cxTwoPoint)
toolbox.register('mutate', tools.mutFlipBit, indpb=0.05)
toolbox.register('select', tools.selTournament, tournsize=3)
```

上記実装の 1 行目から 4 行目では，目的関数，交叉，突然変異，選択の遺伝的操作にそれぞれ，evaluate，mate，mutate，select という別名をつけ，toolbox.register 関数を用いてツールボックスに登録する．目的関数は Step 2 で定義した evalKnapsack 関数を用いる．交叉は二点交叉（deap.tools.cxTwoPoint 関数）を用いる．突然変異は遺伝子をビット反転する deap.tools.mutFlipBit 関数を用いる．mutFlipBit 関数の引数 indpb は各遺伝子の反転確率であり，0.05 とする．選択はトーナメント戦略の deap.tools.selTournament 関数を用いる．selTournament 関数の引数 tournsize は 3 とする．これは 1 回のトーナメントに参加する個体を 3 個体とすることを意味する．以上のように，DEAP では，deap.tools モジュールに定義された関数を用いることで，GA を簡易に実装できる．

Step 4：GA の実行部分の実装

Step 4 では，Step 1 から Step 3 で登録した各種遺伝的操作を組み合わせ GA の実行部分を実装する．GA の実行部分は付録 knapsack.py の Step 4 以降を参照されたい．Step 4 の GA の実行部分は，GA の問題設定に依存せずほぼ同様に実装できる．本実装も DEAP のチュートリアル[36)]に記載されている内容とほぼ同様となる．本実装では，個体数 20，世代数 1000，交叉率 0.5，突然変異率 0.2 を指定している．また 100 世代ごとに最良値，最良解を出力する．

(3)　プログラムの実行例

本プログラムは，以下のコマンドにより実行をする．プログラムの実行結果の一例を図 2.19 に示す．GA は確率的に解を探索するため，毎回実行結果が異なる可能性がある．

```
$ python knapsack.py
```

図 2.19 において，第 1 世代の最良解は，最良値 − 65 である．最良値が負の値となっており，重さの合計が規定値（例題では 30）より大きい制約違反の解であることを示す．このときの商品の組み合わせが，最良個体の [0, 0, 0, 0, 0, 0, 0, 0, 1, 1, 1, 0, 0, 1, 0, 1, 1, 1, 0, 1, 0, 0, 0, 0, 0, 0, 0, 1, 1] であり，遺伝子が 1 となっている商品を組み合わせに含むことを示している．これが 100 世代になると，最良値 189 と重さの合計の制約を満たしている解を探索できている．その後，世代数が増えるごとに最良値が大きくなっている．最終的には，最良値 220，最良個体が [0, 0, 0, 0, 0, 0, 1, 0, 1, 0, 0, 0, 1, 0, 0, 0, 1, 0, 0, 1, 0, 0, 0, 0, 0, 0, 0, 1, 0] となる商品の組み合わせを探索している．表 2.4 の左上の商品を 1 番目，その下を 2 番目とすると，最良個体は，7 番目の商品（価値 13，重さ 2），9 番目の商品（価値 39，重さ 7），13 番目の商品（価値 32，重さ 1），17 番目の商品（価値 49，重さ 8），20 番目の商品（価値 50，

重さ 9)，29 番目の商品（価値 37，重さ 3）の商品を含む組み合わせとある．このとき，総価値 220，総重量 30 となる．GA ではこのようにランダムに作成した初期解から遺伝的操作を繰り返し適用し，目的関数を満たす最適な解を探索する．

```
----- ループ開始 ------
世代数：1
最良個体：[0, 0, 0, 0, 0, 0, 0, 0, 1, 1, 1, 0, 0, 1, 0, 1, 1, 1, 0, 1, 0, 0, 0, 0, 0, 0, 0, 0, 1, 1]
最良値：-65.0000
------------------
世代数：100
最良個体：[0, 0, 0, 0, 0, 0, 1, 1, 0, 0, 1, 0, 1, 0, 0, 0, 0, 0, 0, 1, 0, 0, 0, 0, 1, 0, 0, 0, 1, 0]
最良値：189.0000
------------------
世代数：200
最良個体：[0, 0, 0, 0, 0, 0, 1, 0, 0, 0, 1, 0, 1, 0, 0, 0, 1, 0, 0, 1, 0, 0, 0, 0, 1, 0, 0, 0, 1, 0]
最良値：216.0000
------------------
世代数：300
最良個体：[0, 0, 0, 0, 0, 0, 1, 0, 0, 0, 1, 0, 1, 0, 0, 0, 1, 0, 0, 1, 0, 0, 0, 0, 1, 0, 0, 0, 1, 0]
最良値：216.0000
…
…
…
------------------
世代数：1000
最良個体：[0, 0, 0, 0, 0, 0, 1, 0, 1, 0, 0, 0, 1, 0, 0, 0, 1, 0, 0, 1, 0, 0, 0, 0, 0, 0, 0, 0, 1, 0]
最良値：220.0000
------------------
----- ループ終了 ------
最良個体：[0, 0, 0, 0, 0, 0, 1, 0, 1, 0, 0, 0, 1, 0, 0, 0, 1, 0, 0, 1, 0, 0, 0, 0, 0, 0, 0, 0, 1, 0]
最良値：220.0000
------------------
```

図 2.19　ナップサック問題の実行結果

2.6.6　巡回セールスマン問題

(1)　問題の概要

巡回セールスマン問題は，セールスマンがある都市から出発し，すべての都市を 1 度ずつ訪問して出発点に戻るまでの総移動距離を最小にする経路を求める問題である．ここでは例として，図 2.20 に示す 10 都市を訪問する問題を考える．図 2.20 は左下を原点（0，0）として，10 都市の番号と x 座標，y 座標を示している．都市間の距離は，簡単のためユークリッド距離（2 点間の直線距離）とする．10 都市を訪問する組み合わせは，最初は10都市すべてが候補，1つ訪問すると残りの9都市が候補，2つ訪問すると残りの8都市が候補となり，$10 \times 9 \times \cdots \times 1 = 10! = 3628800$ 通りである．巡回セールスマン問題では，都市数が増加すると計算量も急速に増加し，すべての経路を調べることが困難となる．

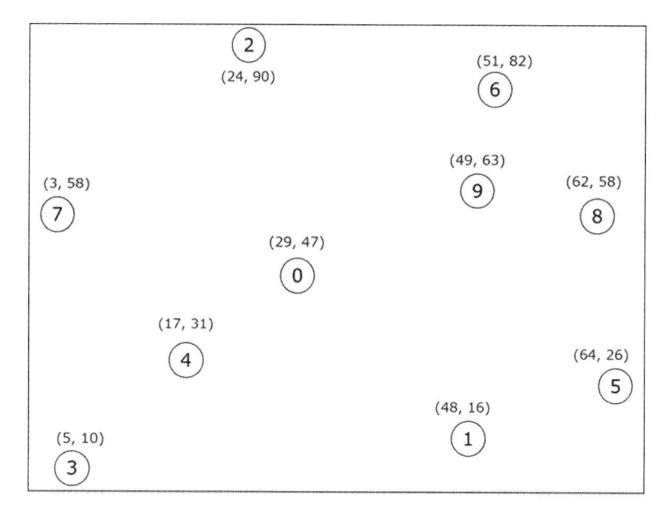

図2.20　巡回セールスマン問題の例題

(2) DEAPによる実装例

DEAPによる巡回セールスマン問題の実装は，ナップサック問題ほぼ同様となる．大きな変更点は，巡回セールスマン問題のコーディングルールが遺伝子に重複を許さない順列となる点である．ここではナップサック問題と比べた巡回セールスマン問題の実装の変更点を説明する．プログラムの全体像はtsp.pyとして付録に掲載する．

Step 1：GAの個体の実装

巡回セールスマン問題は，全都市の巡回路の総距離が小さいほど良い解となるため，適応度の評価尺度を最小化問題として定義する．実装例を以下に示す．

```
creator.create('FitnessMin', base.Fitness, weights=(-1.0,))
creator.create('Individual', list, fitness=creator.FitnessMin)
```

本実装では，deap.base.Fitnessを継承したFitnessMinクラスを定義し，適応度の評価尺度の重みweightsを（－1.0,）と指定している．2行目のGAの個体は，ナップサック問題と同様にリスト型を継承するIndividualクラスとして定義し，fitnessに先ほど定義した FitnessMin クラスを指定する.

次に, 進化計算に必要となる各種関数を格納するツールボックスの実装例を以下に示す.

```
toolbox = base.Toolbox()
IND_SIZE = 10  # 都市数
toolbox.register("indices", random.sample, range(IND_SIZE), IND_SIZE)
toolbox.register("individual", tools.initIterate, creator.Individual, toolbox.indices)
toolbox.register('population', tools.initRepeat, list, toolbox.individual)
```

巡回セールスマン問題のコーディングルールは，全都市の巡回路である．これは，遺伝子に重複を許さない順列である．3 行目では，GA の個体を生成する indices を toolbox に登録する．indices は random.sample（range（IND_SIZE），IND_SIZE）の別名として定義する．random.sample（population，k，*，counts=None）関数は Python の組み込み関数であり，population から長さ k の一意な要素からなるリストを返す．上記実装では，IND_SIZE で指定した数のランダムな順列のリストを返す．4 行目では GA の個体を定義し，5 行目では GA の個体群を定義する．

Step 2：目的関数の実装

巡回セールスマン問題の目的関数の実装例を以下に示す．目的関数では全都市の巡回路の総距離を返す.

```
def evalTsp(individual):
    distance = 0.0
    city = [(29, 47), (48, 16), (24, 90), (5, 10), (17, 31), (64, 26), (51, 82), (3, 58), (62, 58), (49, 63)]
    for i in range(-1, len(individual) - 1):
        from_city = city[individual[i]]
        to_city = city[individual[i + 1]]
        distance += math.sqrt((from_city[0] - to_city[0]) ** 2 + (from_city[1] - to_city[1]) ** 2)
    return distance,
```

目的関数では，for 文を用いて，訪問する都市間ごとのユークリッド距離を計算している．本実装では for 文の開始を −1 からとすることで，コードを簡易に記述している．Python ではマイナスのインデックスを指定することで，リストの最後尾からの順番を指定できる．−1 から始まっているのは，最終訪問都市と出発点の都市の距離を計算するためである．2 都市間の距離の合計が目的関数値となる.

Step 3：GAの遺伝的操作の実装

巡回セールスマン問題に用いるGAの遺伝的操作の実装例を以下に示す．

```
toolbox.register('evaluate', evalTsp)
toolbox.register('mate', tools.cxPartialyMatched)
toolbox.register('mutate', tools.mutShuffleIndexes, indpb=0.05)
toolbox.register('select', tools.selTournament, tournsize=3)
```

ナップサック問題とほぼ同様の実装であるが，交叉と突然変異に変更箇所がある．巡回セールスマン問題では，交叉と突然変異の際に遺伝子の重複が発生しないように順列を対象とした交叉と突然変異を用いる．交叉は部分一致交叉を行うdeap.tools.cxPartialyMatched関数を用いる．突然変異は遺伝子をランダムに交換するdeap.tools.mutShuffleIndexes関数を用いる．いずれの関数もdeap.toolsモジュールに定義されている．

Step 4：GAの実行部分の実装

Step 4では，Step 1からStep 3で登録した各種遺伝的操作を組み合わせGAの実行部分を実装する．GAの実行部分は付録tsp.pyのStep 4以降を参照されたい．本実装は，ナップサック問題とほぼ同様である．一部，最大化問題から最小化問題に変わったため，最良個体の更新部分の比較演算子が異なる（tsp.pyの110行目）．

(3) プログラムの実行例

本プログラムは，以下のコマンドにより実行をする．プログラムの実行結果の一例を図2.21に示す．GAは確率的に解を探索するため，毎回実行結果が異なる可能性がある．

```
$ python tsp.py
```

図2.21において，第1世代の最良解は，最良値525.8523である．このとき最良個体の巡回路は，[2, 3, 9, 0, 6, 8, 1, 7, 5, 4]である．100世代，200世代と世代数が増えるごとに最良値が小さくなっている．最終的には，最良値266.2339，最良個体が[9, 6, 2, 7, 0, 4, 3, 1, 5, 8]となる巡回路を探索している．この巡回路を図示すると図2.22のようになる．都市を外周するような巡回路が求まっていることがわかる．

```
----- ループ開始 ------
世代数：1
最良個体：[2, 3, 9, 0, 6, 8, 1, 7, 5, 4]
最良値：525.8523
-----------------
世代数：100
最良個体：[9, 2, 6, 7, 0, 4, 3, 1, 5, 8]
最良値：299.3160
-----------------
世代数：200
最良個体：[9, 6, 2, 0, 7, 4, 3, 1, 5, 8]
最良値：281.6621
-----------------
世代数：300
最良個体：[9, 6, 2, 7, 0, 4, 3, 1, 5, 8]
最良値：266.2339
…
…
…
-----------------
世代数：1000
最良個体：[9, 6, 2, 7, 0, 4, 3, 1, 5, 8]
最良値：266.2339
-----------------
----- ループ終了 ------
最良個体：[9, 6, 2, 7, 0, 4, 3, 1, 5, 8]
最良値：266.2339
-----------------
```

図 2.21　巡回セールスマン問題の実行結果

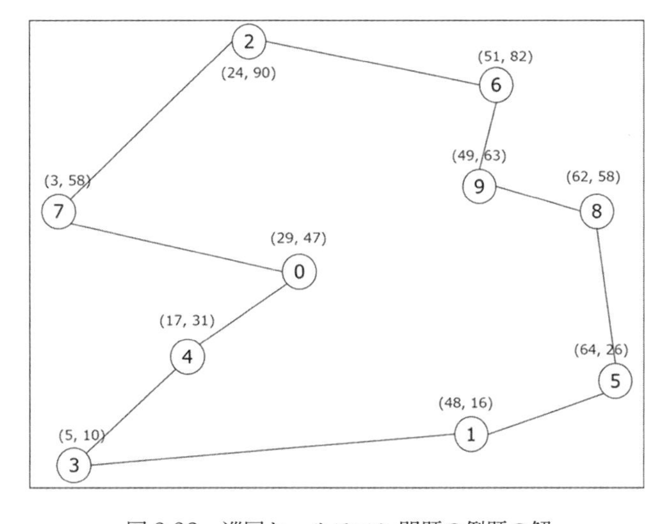

図 2.22　巡回セールスマン問題の例題の解

2.7 マルチエージェントシステムの概要

深層学習，データ同化や GA に続き，広義の意味での AI 手法の一種と考えられるマルチエージェントシステムを概観する．ここでは，マルチエージェント研究の歴史，マルチエージェントシステムの概念や目的，エージェントの概要，シミュレーションの検証などについて述べるものとする．

2.7.1 マルチエージェント研究の歴史[37)]

マルチエージェントに関する研究は，最初は分散人工知能（Distributed AI）という分野として 1980 年代ころから米国で研究が始まった．人工知能（AI）による探索問題としては単独処理・並列処理にかかわらず基本的にすべての情報を管理・統合して探索がなされるが，互いに独立して探索する分散型探索では情報統合が課題となる．例えば[38)]，レーダー網で捉えた飛行物体間の同一性判定では，各々のレーダーが自身の座標系で飛行物体を追跡するために，レーダー間での座標変換や，補足できていないレーダーの情報補完などが必要となる．

ここで必要となる要素技術はマルチエージェントシステムにおける複数のエージェント間の協調問題に適用できる．複数エージェントを含むシステムの動作をプログラミングする際，従来の「処理」や「計算」といったプログラミング言語の抽象化は適切でなく，自律性を持った独立単位としてのエージェントどうしの情報伝達や協調を直接的に記述できることが望ましい．そのためのプログラミング言語も提案されてきた[39)]．

欧州では，1990 年代ころからマルチエージェント環境下でもエージェントの自律性が中心となって研究が行われてきた．また社会と個人のシミュレーションをどのように統合するかというようなマクロとミクロの融合問題なども検討されている．

1995 年には ICMAS（International Conference on Multi-Agent System），2002 年には AAMAS（Autonomous Agents and Multiagent Systems）として国際的に統合された会議が行われている．AAMAS では，”multi” と ”agent” の間のハイフンがとれ，”multiagent” と単一単語になっている点も注目に値する．

2.7.2 マルチエージェントシステムの概念[例えば40),41)]

マルチエージェントシステムでは，ある環境下（世界，集合）における個々の行為者（構成要素）をエージェントとして，エージェントおよびエージェント間の行動ルールや相互作用をモデルとして記述する．このモデル（システム）を用いたシミュレーション実験を行い，ある環境下における集合的な現象の発生メカニズムやその性質を把握したり，振舞いを予測したりすることによって，適切なシステムや制度の設計に活用できるのがマルチエージェントシステムである．

一般的なシミュレーションモデルとマルチエージェントシステムの対比を表 2.5 に示す．一般的なシミュレーションモデルでは現象全体（システム全体）の挙動を表す支配方程式としてモデル化するのに対し，マルチエージェントシステムはシステム全体の挙動を表す方程式を見出すことは目的としない．逆に，個々のエージェントの行動ルールや相互作用をモデル化し，それらの振舞いをシミュレーションすることでシステム全体としての現象を理解しようとすることを目的とする．

文化や規範など，複雑系と呼ばれる社会現象ではトップダウン的に個々の因果関係を記述することは一般的に困難である．このような場面では，最もミクロなエージェントという行為主体の挙動を記述し行為主体間の相互作用をシミュレーションするマルチエージェントシステムが有効である．

表 2.4　シミュレーション比較

	一般的なシミュレーション	マルチエージェントシステム
内　容	現象全体を記述する支配方程式を導き，それを用いたシミュレーションを実行する	個々のエージェントの行動ルールや相互作用を記述し，全体として創発される現象に注目する
モデル化対　象	現象全体をモデル化	個々のエージェント
視　点	現象全体を外部から観察する視点	個々のエージェント
活　用	マクロな現象を対象に，そのメカニズムの説明や予測を行う．構成要素間の相互作用再現は困難	エージェント同士が局所的に相互作用することの集積として大局的な現象を説明・予測する．ミクロ・マクロのループを持つ．

2.7.3　マルチエージェントシステムの目的[例えば40)]

マルチエージェントシステムによるシミュレーションを行う目的には,大きく分けて「理解」と「予測」がある．シミュレーションにおいては，目的を明確に把握したうえで実装を行う必要がある．「理解」とは，複雑な社会現象において発生・観測されるさまざまな現象が，どのような理由・関係性によって生じるのかを把握することである．一方，「予測」とは，ある社会現象の時間的・空間的な状態変化をシミュレーションによって事前に予測するものである．

システムの構築にあたり，「意味世界志向」と「物理的世界志向」に大別される志向性についても理解する必要がある．これらはシミュレーションの目的と対応するといえる．意味世界志向のシミュレーション目的は「理解」と対応することが多い．すなわち，エージェントがどのような行動ルールを持つのか，またエージェントが他のエージェントとどのように相互作用しうるのか，など意味上の位置づけが重要となる．他方，物理的世界志向のシミュレーションは「予測」を目的とすることが多い．例えば環境がもつ物理的な形状やエージェントが存在する空間的な位置などが重要な情報となる．

2.7.4　エージェント概要[例えば41)]

マルチエージェントシステムにおいて基本かつ中心となるのはエージェントである．エージェントとは一つの「概念」であり，図2.23に示すように環境から何かを知覚し，知覚した情報を元に行動・動作して環境に働きかけるものである．すなわち自律的に意思決定・行動できる最小単位といえる．この定義からは我々人間も一種のエージェントと考えることもできる．

つぎに，環境とはエージェントの外部にありエージェントの意思によっては変更できないものである．言いかえると，エージェントが意思決定を行って行動を起こす部分を内部とすれば，それ以外の部分が環境である．

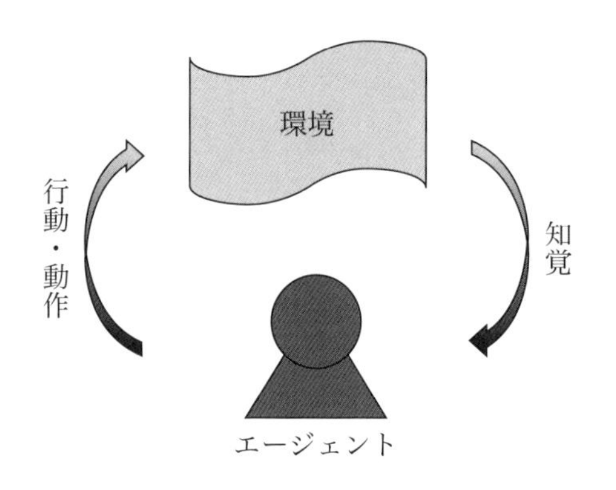

図2.23　エージェントと環境

マルチエージェントシステムとは，自律した複数のエージェントから構成されるシステムであり，各々のエージェントが他のエージェントや環境と情報をやり取りしながら行動する．エージェント同士が相互依存しながら協調することにより複雑な事柄をシステム全体として成り立たせている．

ここで，エージェントが備えるべき要件をまとめると次のようになる．

(1)　環境認識機能…エージェントは，自分自身が存在している環境に応じた動作をする．そのためエージェントは，環境情報を認識できることが必要である．

(2)　行動決定・選択機能…エージェントは自分自身で取るべき行動・動作を決定する必要がある．例えば，IF-THENルールのような単純な機能や，重み付けされた複数の実行可能な選択肢から確率的に選択して行動するような機能などが考えられる.

(3) 学習機能…エージェントは環境に応じて自分自身を進化させる必要がある.「強化学習」や「遺伝的アルゴリズム」などの学習機能が考えられる.

エージェントはこれらの機能を持つことで，外部からの情報を取得し，自分自身の決定・選択規則に基づいて行動・動作しながら，学習機能によってより環境に適応した行動・動作が可能になる.これにより，ある環境下で自律的に行動できるだけでなく，動的に変化する環境下でも柔軟な対応をとることが可能となる.

マルチエージェントシステムでは，従来のようなシステムを構成する要素を集中的に管理するような階層構造ではなく，自律した各エージェントが相互に通信・協調しあうことによってシステム全体としての機能を達成していくような構成となっている.システム全体を一つのモデルで構築し巨視的な視点からトップダウン的に現象の再現を試みる方法と，行動主体毎にモデル化しボトムアップ的に現象の再現を試みる方法の違いといえる.このような手法を用いることで，ある一部の構成要素であるホストの故障や停止などがシステム全体の停止につながらないという利点がある.このようなシステムの安定性を頑健性と呼ぶ.また，エージェント個々の追加・修正・削除が容易であるため，システムとして柔軟性も有することとなる.このような特徴により，マルチエージェントシステムは複雑系への適用に重要視されている.さらに，実際のシミュレーションに際しても，集中管理の仕組みを持たないために，負荷の分散が可能であり計算容量・時間の観点からも有利である.

複雑系においては,構成要素や構成要素間の相互作用のルールが簡単であったとしても,系全体としては非常に複雑で思いがけない様相が現れる.このような現象を創発と呼ぶ.さらに，創発されたシステム全体のマクロ的な性質に順応するように構成要素のミクロな挙動も変化する（図 2.24 参照).

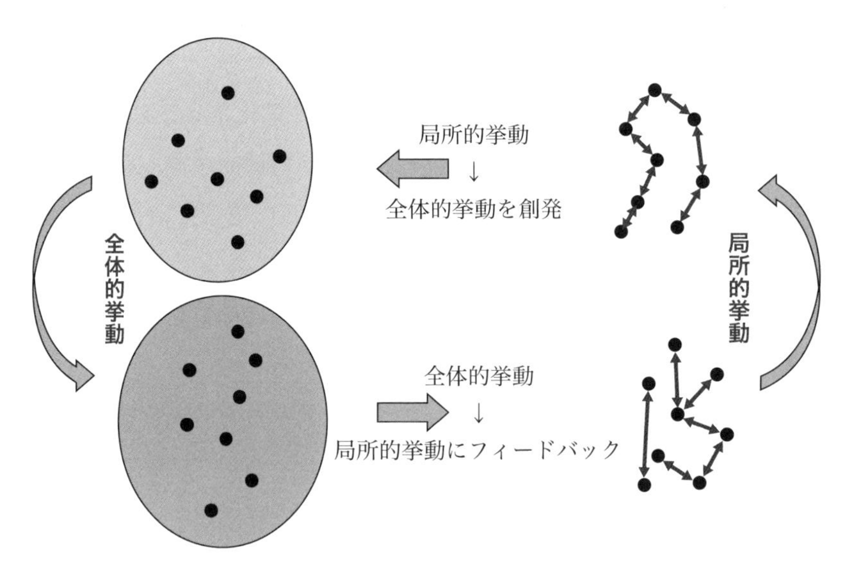

図 2.24　複雑系の挙動

複雑系におけるこのような挙動を，マルチエージェントシステムでは個々のエージェントの行動・動作とエージェント間の相互作用による総和としてシミュレーション可能である（図 2.25 参照）．

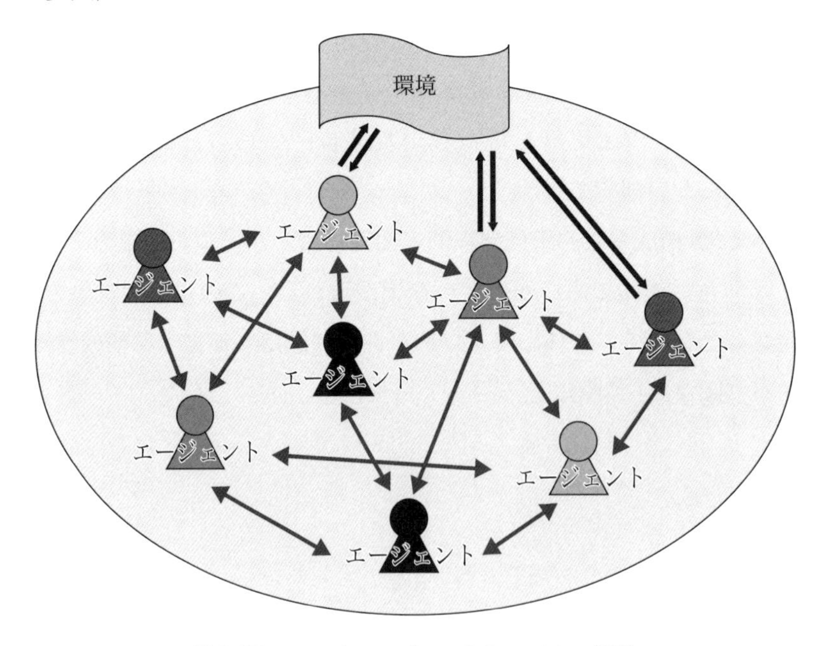

図 2.25　マルチエージェントシステムの挙動

2.7.5　シミュレーションの検証[例えば40)]

マルチエージェントシステムにおいて，エージェントや環境の自由度は高く，柔軟かつ複雑にモデルを構築することが可能である．モデルの自由度が高くなれば複雑な現象をシミュレーションにより説明することが可能となりうるが，モデルの複雑さゆえに構築されたシステムの意義が十分に理解できなくなる危険性をはらんでいる．そのため構築したモデルが正しいモデルなのか，シミュレーションによる出力結果は妥当なのか，など検討することが難しい．そのため，モデルを構築しシミュレーションを実施した際には，モデルおよびシミュレーション結果の検証が重要となる．

モデルの検証においては，「正当性」，「妥当性」，「感度分析」を行うことが重要である．正当性としては，モデル構築者の意図どおりにプログラミング手順が動いているか，モデル構築の際の前提条件が扱う対象を記述するうえで正当な条件となっているかを検証する必要がある．正当性が検証されたのち，妥当性としてモデルの振舞いが対象の振舞いを反映しているかどうかを確認する．この際，シミュレーションの目的や対象とする領域によって適切な検証レベルを設定する必要があることにも注意が必要である．最後に，感度分析としてシミュレーション結果に与えるパラメータ設定の影響度合いを検討しておくことも大切である．

参考文献

1）小林一郎：人工知能の基礎，サイエンス社，2008.

2）山下隆義：イラストで学ぶディープラーニング，講談社，2016

3）岡谷貴之：深層学習，講談社，2015

4）人工知能学会監修：深層学習，近代科学社，2015

5）Fukushima, K.: Neocognitron: a self organizing neural network model for a mechanism of pattern recognition unaffected by shift in position, *Biological Cybernetics*, Vol.36(4), pp.93-202, 1980.

6）LeCun, Y., Bottou, L., Bengio, Y. and Haffner, P.: Gradient-based learning applied to document recognition, Proc. of *IEEE*, pp.2278-2324, 1998.

7）A. F. Bennett, "Inverse modeling of the ocean and atmosphere", Cambridge university Press, Cambridge (2002).

8）K. Nakamura, G. Ueno and T. Higuchi, "Data assimilation: concept and algorithm", Proceedings of the Institute of Statistical Mathematics, Vol.53, No.2, pp.211-229 (2005).

9）O. Talagrand and P. Courtier, "Variational assimilation of meteorological observations with the adjoint vorticity equation I: Theory", Quarterly Journal of the Royal Meteorological Society, Vol.113, pp.1311-1328 (1987).

10）R. E. Kalman, "A new approach to linear filtering and prediction problems", Transactions of the ASME-Journal of Basic Engineering, Vol.82(Series D), pp.35-45 (1960).

11）G. Evensen, "The Ensemble Kalman Filter: theoretical formulation and practical implementation", Ocean Dynamics, Vol.53, pp.343-367 (2003).

12）N.J. Gordon, D.J. Salmond and A.F. Smith, "Novel approach to nonlinear/non-Gaussian Bayesian state estimation", IEE Proceedings F, Vol.140, pp.107-113 (1993).

13）G. Kitagawa, "Monte Carlo filter and smoother for non-Gaussian nonlinear state space models", Journal of Computational Graphical Statistics, Vol.5, pp.1-25 (1996).

14）G. Evensen, "Using the extended Kalman Filter with a multilayer quasi-geostrophic model", Journal of Geophysical Research, Vol.97(C11), pp.17905-17924 (1992).

15）T. Higuchi et al., "Data douka nyuumon -jisedai no simulation gijutsu", Asakura Publishing (2011).

16) T. Sato and K. Kaji, "Structural identification using the Monte Carlo filter", Journal of Structural Mechanics and Earthquake Engineering (JSCE), No.675/I-55, pp.161-170 (2001).

17) I. Yoshida and T. Sato, "Damage detection using Monte Carlo filter based on exclusive non-Gaussian process noise", Journal of Structural Engineering A, Vol.48 A, pp.429-436 (2002).

18) I. Yoshida and T. Sato, "Damage detection by Adaptive Monte Carlo filter", Journal of Structural Mechanics and Earthquake Engineering (JSCE), No.759/I-67, pp.259-269 (2004).

19) T. Sato and Y. Tanaka, "Efficient system identification algorithm using Monte Carlo Filter and Its application", Journal of JSCE A, Vol.62, No.3, pp.693-701 (2006).

20) A. Murakami, S. Nishimura, K.Fujisawa and K. Nakamura, "Data assimilation in geotechnical analysis using the particle filter", Journal of Applied Mechanics, Vol.12, pp.99-105 (2009).

21) T. Shuku, A. Murakami, S. Nishimura, K. Fujisawa and K. Nakamura, "Data assimilation of the Settlement Behavior of Kobe airport constructed on reclaimed land using the particle filter", Journal of Applied Mechanics, Vol.13, pp.67-77 (2010).

22) I. Yoshida, M. Akiyama, S. Suzuki and M. Yamagami, "Reliability estimation for maintenance by sequential Monte Carlo simulation", Journal of Structural Mechanics and Earthquake Engineering (JSCE), Vol.65, No.3, pp.758-775 (2009).

23) I. Yoshida, Y. Honjo and M. Akiyama, "Issues and accuracy estimation of reliability analysis for existing structures with SMCS", Journal of Applied Mechanics, Vol.12, pp.79-88 (2009).

24) S. Nakano, G. Ueno and T. Higuchi, "Merging particle filter for sequential data assimilation", Nonlinear Processes in Geophysics, Vol.14, pp.395-408 (2007).

25) John H. Holland, "Adaptation in Natural and Artificial Systems: An Introductory Analysis with Applications to Biology, Control, and Artificial Intelligence," Bradford Books, 1992.

26) David E. Goldberg, "Generative Algorithms in Search, Optimization and Machine Learning," Addison-Wesley Professional, 1988.

27) 伊庭斉志：遺伝的アルゴリズムの基礎 GA の謎を解く，オーム社，1994.

28) 北野宏明（編）：遺伝的アルゴリズム 1～4，産業図書，1993～2000.

29）メラニー・ミッチェル（著），伊庭斉志（訳）：遺伝的アルゴリズムの方法，東京電機大学出版局，1997.
30）古田均，杉本博之：遺伝的アルゴリズムの構造工学への応用 POD 版，森北出版，2011.
31）有村幹治，田村亨，井田直人：土木計画分野における遺伝的アルゴリズム：最適化と適応学習，土木学会論文集 D，Vol.62，No.4，pp.505-518，2006.
32）森川幸人：マッチ箱の脳（AI）—使える人工知能のお話，新紀元社，2000.
33）ほぼ日刊イトイ新聞：「マッチ箱の脳」Web version，https://www.1101.com/morikawa/index_AI.html
34）FM. D. Rainville, FA. Fortin, MA. Gardner, M. Parizeau and C. Gagné, “DEAP -- Enabling Nimbler Evolutions,” SIGEVOlution, Vol. 6, No 2, pp.17-26, 2014.
35）DEAP documentation：https://deap.readthedocs.io/en/master/
36）DEAP documentation Overview：https://deap.readthedocs.io/en/master/overview.html
37）中島秀之：マルチエージェント研究の歴史，知識ベース「知識の森」，7 群 7 編 1 章，情報通信学会，2019.
38）R. Davis and R. G. Smith：“Negotiation as a metaphor for distributed problem solving,” Artificial Intelli-gence, 20(1)：63-109, 1983.
39）Mihai Barbuceanu and Mark S. Fox. Cool：“A langage for describing coordination in multi agent systems,” in Proc. First International Conference on Multi-Agent Systems, pp.17-24, 1995.
40）鳥海不二夫，山本仁志：マルチエージェントシミュレーションの基本設計，計測と制御，Vol.19，No.7，情報処理，Vol.55，No.6，2014.
41）大内東，山本雅人，川村秀憲：マルチエージェントシステムの基礎と応用—複雑系工学の計算パラダイム—，コロナ社，2002.

付録

プログラム１　knapsack.py

```
1   from deap import base, creator, tools
2   import numpy as np
3   import random
4
5   if __name__ == '__main__':
6       # Step1: GA の個体を定義する
7       # base.Fitness を継承する FitnessMax クラスを定義する
8       # 最大化問題のため weights は (1.0,) となる．注意：1.0 のあとにカンマが必要
9       creator.create('FitnessMax', base.Fitness, weights=(1.0,))
10      # list を継承する Individual クラスを定義する
11      # Individual クラスが GA の個体となる
12      creator.create('Individual', list, fitness=creator.FitnessMax)
13      # deap のツールボックスを定義する
14      toolbox = base.Toolbox()
15      # ツールボックスに attr_bool オペレータを登録する
16      # attr_bool オペレータは，0,1 のランダムな変数を返す
17      toolbox.register('attr_bool', random.randint, 0, 1)
18      # individual オペレータを登録する
19      # individual オペレータは，attr_bool オペレータを 100 回実行した結果を Individual クラスに代入する
20      # 具体的にはランダムに 0,1 の値をもつ 30 要素からなるリストを定義する
21      toolbox.register('individual', tools.initRepeat, creator.Individual, toolbox.attr_bool, 30)
22      # population オペレータを登録する
23      # tools.initRepeat の n( 何回実行するか ) はオペレータ実行時に指定する
24      toolbox.register('population', tools.initRepeat, list, toolbox.individual)
25
26
27      # Step2: 目的関数を定義する
28      # individual はリスト ( 正確には list を継承した creator.Individual クラス )
29      # 注意：適応度はタプルで返す必要があるため，return 文の最後に , が必要
30      def evalKnapsack(individual):
31          # 重さ
32          weight = [10, 3, 3, 9, 10, 10, 2, 7, 7, 6, 3, 7, 1, 8, 9,
33                    5, 8, 6, 7, 9, 8, 9, 10, 10, 4, 5, 7, 4, 3, 10]
34          # 価値
35          value = [16, 7, 2, 13, 31, 29, 13, 22, 39, 23, 25, 15, 32, 5, 33,
36                   8, 49, 7, 38, 50, 11, 18, 17, 33, 10, 10, 17, 9, 37, 16]
37          # 積和の計算に numpy を利用
38          total_weight = np.dot(weight, individual)
39          total_value = np.dot(value, individual)
40
41          # 重さの制約以内かどうか
42          if total_weight <= 30:
43              return total_value,
44          else:
45              return -total_weight,
```

```
46
47
48  # Step:3 GAの遺伝的操作を定義する
49  # evaluate オペレータを登録する：GAの評価関数
50  toolbox.register('evaluate', evalKnapsack)
51  # mate オペレータを登録する：GAの交叉，tools.cxTwoPoint は二点交叉
52  toolbox.register('mate', tools.cxTwoPoint)
53  # mutate オペレータを登録する：GAの突然変異，tools.mutFlipBit はランダムにビットを反転
54  toolbox.register('mutate', tools.mutFlipBit, indpb=0.05)
55  # select オペレータを登録する：GAの選択，tools.selTournament はトーナメント選択
56  toolbox.register('select', tools.selTournament, tournsize=3)
57
58  # Step4: 遺伝的操作を組み合わせてGAを実行する
59  # 定数の定義
60  CXPB = 0.5  # 交叉率
61  MUTPB = 0.2  # 突然変異率
62
63  # 個体数20の遺伝子プールを作成する
64  pop = toolbox.population(n=20)
65  # 各個体に目的関数を適用し適応度のリストを取得する
66  fitnesses = list(map(toolbox.evaluate, pop))
67  # zip関数でpopから個体1つ，fitnessesから適応度1つをそれぞれ取得する
68  for ind, fit in zip(pop, fitnesses):
69      ind.fitness.values = fit  # 個体に適応度を付与する
70
71  print('----- ループ開始 ------')
72  g = 0  # 世代数を0で初期化する
73  # fitnesses はタプルのため，適応度の第1要素のみ取得
74  fits = [ind.fitness.values[0] for ind in pop]
75
76  # 最良個体の初期化
77  best_ind = pop[np.argmax(fits)]  # 最良個体
78  best_fit = np.max(fits)  # 最良値
79
80  # 世代数が1000世代になった場合はループを終了する
81  while g < 1000:
82      # 選択
83      offspring = toolbox.select(pop, len(pop))
84      offspring = list(map(toolbox.clone, offspring))
85
86      # 交叉
87      # offspring の偶数番[::2]とoffspringの奇数番[1::2]の個体を取り出し交叉する
88      for child1, child2 in zip(offspring[::2], offspring[1::2]):
89          # [0.0,1.0]の乱数を発生させ，交叉率(CXPB)未満のときに交叉を実施する
90          if random.random() < CXPB:
91              toolbox.mate(child1, child2)
92              # 交叉した個体の適応度を削除する
93                  del child1.fitness.values
94                  del child2.fitness.values
95
```

```
 96          # 突然変異
 97          for mutant in offspring:
 98              # [0,1] の乱数を発生させ，突然変異率 (MUTPB) 未満のときに突然変異を実施する
 99              if random.random() < MUTPB:
100                  toolbox.mutate(mutant)
101                  # 突然変異した個体の適応度を削除する
102                  del mutant.fitness.values
103
104          # 交叉または突然変異した個体のみ取得する ( 適応度を削除した個体の fitness.valid は False となっている )
105          invalid_ind = [ind for ind in offspring if not ind.fitness.valid]
106          # 再評価対象の個体を評価し適応度を付与する
107          fitness = map(toolbox.evaluate, invalid_ind)
108          for ind, fit in zip(invalid_ind, fitness):
109              ind.fitness.values = fit
110
111          # 遺伝子プールを更新する
112          pop = offspring
113
114          # 最良個体の更新
115          fits = [ind.fitness.values[0] for ind in pop]
116          cur_best_fit = np.max(fits)
117          if cur_best_fit > best_fit:
118              cur_best_ind = pop[np.argmax(fits)]
119              best_ind = cur_best_ind
120              best_fit = cur_best_fit
121
122          # 世代数を 1 つ増やす
123          g += 1
124
125          # 10 世代ごとにログを表示する
126          if g == 1 or g % 100 == 0:
127              print(f' 世代数 : {g}¥n 最良個体 : {best_ind}¥n 最良値 : {best_fit:.4f}')
128              print('------------------')
129
130      print('----- ループ終了 ------')
131      print(f' 最良個体 : {best_ind}¥n 最良値 : {best_fit:.4f}')
132      print('------------------')
```

プログラム 2　tsp.py

```
1  from deap import base, creator, tools
2  import numpy as np
3  import random
4  import math
5
6  if __name__ == '__main__':
7      # Step1: GA の個体を定義する
8      # base.Fitness を継承する FitnessMin クラスを定義する
9      # 最小化問題のため weights は (-1.0,) となる．注意：1.0 のあとにカンマが必要
```

```
10  creator.create('FitnessMin', base.Fitness, weights=(-1.0,))
11  # list を継承する Individual クラスを定義する
12  # Individual クラスが GA の個体となる
13  creator.create('Individual', list, fitness=creator.FitnessMin)
14  # deap のツールボックスを定義する
15  toolbox = base.Toolbox()
16  IND_SIZE = 10  # 都市数
17  # ツールボックスに indices オペレータを登録する
18  # indices オペレータは，0 から IND_SIZE のランダムな順列を返す
19  toolbox.register("indices", random.sample, range(IND_SIZE), IND_SIZE)
20  # individual オペレータを登録する
21  toolbox.register("individual", tools.initIterate, creator.Individual, toolbox.indices)
22  # population オペレータを登録する
23  # tools.initRepeat の n( 何回実行するか ) はオペレータ実行時に指定する
24  toolbox.register('population', tools.initRepeat, list, toolbox.individual)
25
26
27  # Step2: 目的関数を定義する
28  # individual はリスト ( 正確には list を継承した creator.Individual クラス )
29  # 注意：適応度はタプルで返す必要があるため，return 文の最後に , が必要
30  def evalTsp(individual):
31      distance = 0.0
32      # 都市 (x 座標，y 座標 )
33      city = [(29, 47), (48, 16), (24, 90), (5, 10), (17, 31), (64, 26), (51, 82), (3, 58), (62, 58), (49, 63)]
34      for i in range(-1, len(individual) - 1):
35          from_city = city[individual[i]]
36          to_city = city[individual[i + 1]]
37          distance += math.sqrt((from_city[0] - to_city[0]) ** 2 + (from_city[1] - to_city[1]) ** 2)
38      return distance,
39
40
41  # Step:3 GA の遺伝的操作を定義する
42  # evaluate オペレータを登録する：GA の評価関数
43  toolbox.register('evaluate', evalTsp)
44  # mate オペレータを登録する：GA の交叉，tools.cxPartialyMatched は部分一致交叉
45  toolbox.register('mate', tools.cxPartialyMatched)
46  # mutate オペレータを登録する：GA の突然変異，tools.mutShuffleIndexes はランダムに順序を入れ替える
47  toolbox.register('mutate', tools.mutShuffleIndexes, indpb=0.05)
48  # select オペレータを登録する：GA の選択，tools.selTournament はトーナメント選択
49  toolbox.register('select', tools.selTournament, tournsize=3)
50
51  # Step4: 遺伝的操作を組み合わせて GA を実行する
52  # 定数の定義
53  CXPB = 0.5  # 交叉率
54  MUTPB = 0.2  # 突然変異率
55
56  # 個体数 20 の遺伝子プールを作成する
57  pop = toolbox.population(n=20)
58  # 各個体に目的関数を適用し適応度のリストを取得する
59  fitnesses = list(map(toolbox.evaluate, pop))
```

```
60  # zip 関数で pop から個体 1 つ，fitnesses から適応度 1 つをそれぞれ取得する
61  for ind, fit in zip(pop, fitnesses):
62      ind.fitness.values = fit  # 個体に適応度を付与する
63
64  print('----- ループ開始 ------')
65  g = 0  # 世代数を 0 で初期化する
66  # fitnesses はタプルのため，適応度の第 1 要素のみ取得
67  fits = [ind.fitness.values[0] for ind in pop]
68
69  # 最良個体の初期化
70  best_ind = pop[np.argmax(fits)]  # 最良個体
71  best_fit = np.max(fits)  # 最良値
72
73  # 世代数が 1000 世代になった場合はループを終了する
74  while g < 1000:
75      # 選択
76      offspring = toolbox.select(pop, len(pop))
77      offspring = list(map(toolbox.clone, offspring))
78
79      # 交叉
80      # offspring の偶数番 [::2] と offspring の奇数番 [1::2] の個体を取り出し交叉する
81      for child1, child2 in zip(offspring[::2], offspring[1::2]):
82          # [0.0,1.0] の乱数を発生させ，交叉率 (CXPB) 未満のときに交叉を実施する
83          if random.random() < CXPB:
84              toolbox.mate(child1, child2)
85              # 交叉した個体の適応度を削除する
86              del child1.fitness.values
87              del child2.fitness.values
88
89      # 突然変異
90      for mutant in offspring:
91          # [0,1] の乱数を発生させ，突然変異率 (MUTPB) 未満のときに突然変異を実施する
92          if random.random() < MUTPB:
93              toolbox.mutate(mutant)
94              # 突然変異した個体の適応度を削除する
95              del mutant.fitness.values
96
97      # 交叉または突然変異した個体のみ取得する ( 適応度を削除した個体の fitness.valid は False となっている )
98      invalid_ind = [ind for ind in offspring if not ind.fitness.valid]
99      # 再評価対象の個体を評価し適応度を付与する
100     fitness = map(toolbox.evaluate, invalid_ind)
101     for ind, fit in zip(invalid_ind, fitness):
102         ind.fitness.values = fit
103
104     # 遺伝子プールを更新する
105     pop = offspring
106
107     # 最良個体の更新
108     fits = [ind.fitness.values[0] for ind in pop]
109     cur_best_fit = np.max(fits)
```

```
110            if cur_best_fit < best_fit:
111                cur_best_ind = pop[np.argmax(fits)]
112                best_ind = cur_best_ind
113                best_fit = cur_best_fit
114
115            # 世代数を 1 つ増やす
116            g += 1
117
118            # 10 世代ごとにログを表示する
119            if g == 1 or g % 100 == 0:
120                print(f' 世代数：{g}¥n 最良個体：{best_ind}¥n 最良値：{best_fit:.4f}')
121                print('------------------')
122
123        print('----- ループ終了 ------')
124        print(f' 最良個体：{best_ind}¥n 最良値：{best_fit:.4f}')
125        print('------------------')
```

3 衛星データを用いた深層学習による地震被害検知

3.1 はじめに

世界各地において頻発する自然災害に対する防災・減災は，現在もなお重要な社会課題の一つである．とりわけ，地震災害は予測の難しさと被害規模の大きさから，低頻度な事象ながら日本を含む多くの国において防災対策の検討が続いている．地震防災対策は，時系列に沿って大きく予防・準備・対応・復興という４つのフェーズから構成され，中でも対応のフェーズは人命の救出・救急や必要物資の輸送など，地震災害直後における活動を指し，被害を完全に防ぐことが難しい地震災害においては重要なものとなる．こうした対応フェーズにおいては，どこでどういった被害が生じているかという被害状況を迅速に把握することは，個人や災害対応組織の適切な意思判断につながり，その後の活動の最適性を高めるうえで極めて重要となる．

地震被害に関する情報は，一般に公的機関による現地確認などの人的な手段によって収集されているが，より高速に情報収集を行う手段として，航空機などに搭載されたセンサから取得されるリモートセンシングデータを活用する研究が進んでいる[1)]．特に，高精細な画像を取得する光学センサや，天候や昼夜を問わずに地表を撮影する合成開口レーダ（Synthetic Aperture Radar，SAR）を搭載した，各種の衛星からの取得データの分析は災害直後に広域の概況を知るうえで有力な手段とされている．次世代光学衛星の開発や小型SAR衛星の災害時オンデマンド打ち上げシステムの確立など，衛星技術に関する近年の研究開発を背景に，洪水や土砂などの災害事象に対しては国土交通省が衛星取得データの活用指針をまとめるなど，各種の自然災害に対して既に実用化の段階に入りつつあり，具体的な運用システムの構築も進んでいる[2)]．

他の自然災害と同様に，地震災害の被害状況についても衛星搭載センサからの取得データから分析しようとする研究が国内外において検討されてきた[3)-6)]．しかし，衛星観測データの空間的解像度の限界のために，地震災害における主要な被害要因である住宅の倒壊や主要道路の閉塞といったミクロな事象に対しては現在においても十分な精度での被害検知が達成されておらず，その精度向上は大きな課題となっている．

本章ではこのような問題背景の下で著者が開発を進めている，深層学習を利用した衛星撮影画像からの地震被害検知システムについて，その概要やモデル設計の考え方を解説する．

3.2 地震被害検知システムの概要

著者の開発を進めているシステムは，以下のような２段階を経ることによって住宅被害の判別を行うものである．まず，構造物の位置や外形情報が整備された地理空間情報のデータベースを用いて，広域の衛星画像から住宅毎の小画像片を抽出する．次に，抽出された個々の小画像片に対して，被害・無被害の２クラスへの判別を行う深層学習モデルを適用することにより，衛星撮影画像内の個々の住宅の被害状況を判別する（図 3.1）．

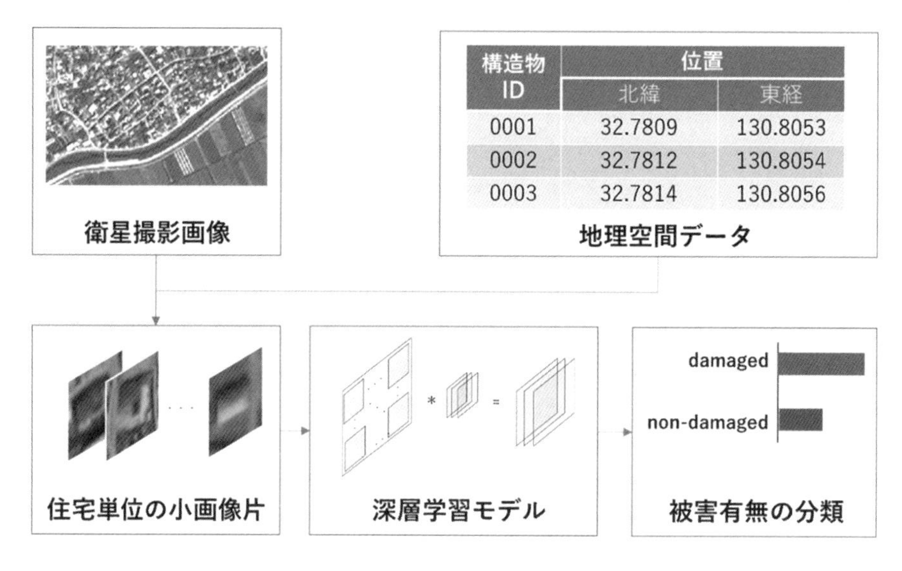

図 3.1　地震被害検知システムの概要

地震被害検知システムのこのような計算過程の中で，第一段階に相当する衛星画像からの住宅位置の同定と画像片の抽出は，我が国においては地理空間情報が十分に整備されていること，および衛星画像には１ピクセル単位で位置情報が付与されていることから，ほぼ 100 ％の精度で実施可能となっている．したがって，本システムの開発における主要な課題は，１棟単位の住宅画像の被害有無を高精度に判別する深層学習モデルの設計であり，以降ではこの点を詳述する．

3.3 深層学習モデル

3.3.1　震災前後の撮影画像ペアからの特徴抽出

衛星撮影画像からの地震被害の判別においては，震災後の緊急撮影画像に加えて，震災前の撮影画像を利用して，震災前後での画像の変化に注目することで判別性能が向上することが知られている．既往の研究では主に震災前後の差分画像が用いられていた[6]が，差分値は2つの画像ペアの持つ特徴の1つであり，他の特徴も利用することによって，判別のための情報が増加し，判別性能が向上することが期待される．そこで本研究では，そのような画像ペアの持つ特徴のうち，住宅の震災被害検知に重要なものを深層学習モデル自身に学習させることを目的として，時空間データの持つ特徴を抽出する3次元畳み込み層[7)-8)](3-d CNN）を導入し，震災前後の画像ペアに適用した．

3.3.2　構造物情報を統合したマルチモーダル構造の導入

震災直後において地震被害の推定・把握に用いることのできる情報には，衛星リモートセンシングによる撮影画像以外にも地盤構造や震度分布など様々なものが挙げられる．そうした情報の中でも，築年代などの構造物情報は，住宅個別の被害有無に関連の深いことが想定され，統計的にも確認されている．そこで本研究では，前述した震災前後の撮影画像ペアに加えて，築年代と構造種別の2種の構造物情報を入力に利用し，それらの異種情報から統合的に被害有無を判別するマルチモーダル学習構造[9]を導入した．

以上のような意図の下で設計した，被害判別のための深層学習モデルの構造を図3.2に示す．

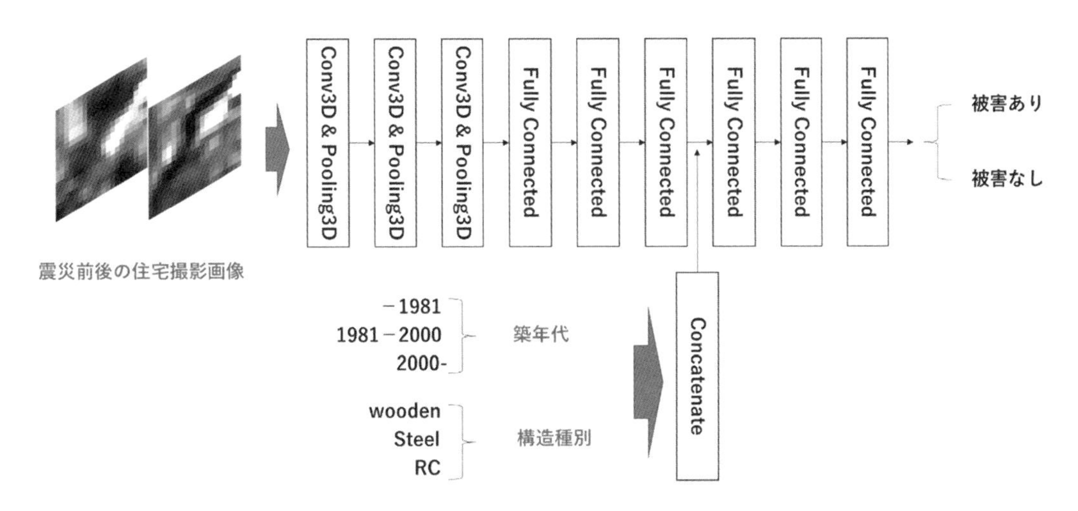

図3.2　3次元畳み込み層とマルチモーダル学習構造を導入した被害判別ニューラルネットワークの構造

3.4 開発システムの検証

3.4.1 データセット

設計した深層学習モデルによる被害検知の性能を検証するために，2016 年熊本地震によって被災した熊本県益城町を撮影した衛星画像から，被災住宅の画像データセットを作成した．データセットは，330 棟の倒壊住宅と 2030 棟の非倒壊住宅から構成され，各住宅の被害有無は日本建築学会による悉皆調査結果 [10] をもとに確認とラベル付けを行っている．衛星画像は光学衛星 Spot 6 & 7 によって撮影された 2015 年 12 月 15 日，2016 年 4 月 29 日の 2 時期の画像を震災前後の画像ペアとして利用した．各画像の解像度は 1.5 m/pixel であり，前述のプロセスによって住宅毎の小画像を抽出した後，各小画像を 20 × 20 pixel へとリサイズすることで異なる大きさの住宅画像のサイズを揃えている．また，構造物被害のラベル付けには，悉皆調査において各建物に付与された 0 ~ 6 の被害グレードのうち 0 から 4 までを非倒壊，5 以上を倒壊として 2 値化したラベル付けを行った．

築年代と構造種別のデータは，通常は地方自治体によって管理されており，本研究では悉皆調査時に収集・整理されたものを用いた．築年代は，建築基準法の改正年に注目して図 3.2 に示す 3 分類に，構造種別は木造・鉄骨造・鉄筋コンクリート造・その他の 4 種類に分類して住宅毎に整理した．

深層学習モデルの精度検証を行うために，このデータセットを表 3.1 に示すように訓練データと検証データに分割し，交差検証を実施した．訓練データは，鏡像反転と回転によって 8 倍のデータ拡張を行っている．

表 3.1　交差検証に用いたデータの内訳

	倒 壊	非倒壊
訓練データ	8120（=1015＊8）	240（=155＊8）
検証データ	1015	155

3.4.2 3-d CNN の性能検証

時系列画像群から災害被害の分類のための特徴抽出を行う手法として 3-d CNN を用いることの有効性を検証するために，画像の差分値を含む複数の入力データ形式と，対応する特徴抽出層をもつ深層学習モデルを表 3.2 のように構成し，その分類性能を事前評価した．

No.0 は，震災後の画像のみを用いて入力テンソルを構成し，CNN の学習・推論を行うケースである．このとき，1 つの入力テンソルは画像の幅 w，高さ h，RGB 3 ch の 3 つの次元を有しており，CNN は通常の画像認識に用いられるものと同等のモデルである．

No.1 は，震災前後の画像から差分画像を計算して入力テンソルを構成するケースである．このとき，テンソルの次元数や CNN のモデル形状は No.1 と同一になるが，震災前の画像の情報を利用している点において No.1 と異なっている．

No.2 は，震災前の画像を，震災後の画像の RGB 次元 3 ch に続く 4～6 ch のデータとしてスタックすることにより，$w \times h \times 6$ ch の入力テンソルを構成するケースである．このとき，CNN の計算過程は入力層における特徴量数が 6 ch となる以外は通常の CNN と同一であるが，No.2 のケースに比較すると震災前後の画像から差分を計算せずデータをそのまま入力しているため，情報の量がより豊富になることが期待される．

No.3 は，震災前後の画像を時間次元方向にスタックし，$w \times h \times t \times 3$ ch の時空間データとして入力テンソルを構成するケースである．このとき，CNN の計算過程は 3 次元のデータに対するものとなり，学習を通じて空間方向の特徴や時間方向の特徴など，No.3 に比較してもより詳細にデータの特徴を捉えるフィルタが構成されることが期待される．

以上の 4 つのケースにおけるモデルの判別性能を比較することにより，地震被害の識別に適したデータ形式や深層学習モデルを検討した．なお，各ケースにおける深層学習モデルは，層数をすべて同一に揃え，内部パラメタの数もほぼ同数になるように調整して比較を行うこととした．

なお，この比較検証においては，オリジナルのデータセットから無被害クラスの画像データをランダムに under sampling することにより，クラス間のデータ数を同数に揃えて検証を行った．モデル構造の例として，ケース 3 において用いた深層学習モデルを図 3.3 に示す．他のケースでは，図中における Convolution 3D（3-d CNN）の層が 2-d CNN に置き換えられている．

表 3.2　3-d CNN の有効性の事前検証に用いたテストケースの概要

No	利用データ	入力テンソルの構成方法	テンソル構成のイメージ	入力テンソルの次元	深層学習モデル
0	震災後の画像のみ	2 次元画像		$w \times h \times 3$	2 次元 CNN
1	震災前後の画像ペア	差分画像の計算	−	$w \times h \times 3$	2 次元 CNN
2	震災前後の画像ペア	特徴量次元へのスタック	＋ 1～3ch　4～6ch	$w \times h \times 6$	2 次元 CNN
3	震災前後の画像ペア	時間次元へのスタック	＋ t_1　t_2	$w \times h \times t \times 3$	3 次元 CNN

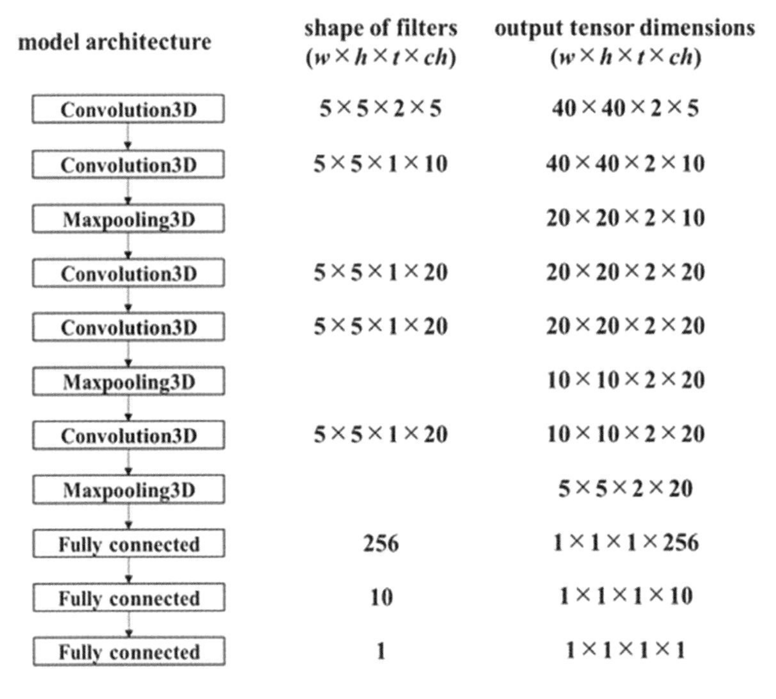

図 3.3　3-d CNN モデルの構造（ケース 3）

3.4.3　マルチモーダル構造の性能検証

次に，マルチモーダル構造の有効性を確認するために，表 3.3 に示す４種類の機械学習モデルによる被害検知性能を比較した．モデル 1 は，提案手法と同様に 3 次元畳み込み層を利用しているが，マルチモーダル構造を導入しておらず，構造物情報を被害判別に用いないモデルである．モデル 2 は図 3.2 にその構造を示した提案手法であり，3 次元畳み込み層とマルチモーダル構造を併用している．最後に, モデル 3 は構造物情報のみから, サポートベクターマシン（Support Vector Machine；SVM）を用いて被害検知を行おうとするモデルである．

各モデルについて表 3.1 に示すデータセットを用いて学習と検証を実施し，その被害性能を評価した．モデルの学習においては，訓練データ内のクラス間でデータ数に不均衡性を有しているため，誤差関数にデータ数に応じた重み係数を設定することによる対処を行った．

表 3.3　比較検討を行った被害検知モデルの概要

No.	分類器の構造	衛星画像の利用	構造物情報の利用
1	3 次元畳み込み	震災前後の画像ペア	なし
2（提案手法）	3 次元畳み込み	震災前後の画像ペア	あり
3	サポートベクターマシン	なし	あり

3.5 結果と考察

3.5.1　3-d CNN の有効性

震災前後の画像ペアからの特徴抽出の手法を変えた際の，地震被害検知の精度の比較を行った結果を表 3.4 に示す．

まず，地震後の画像のみを用いているケース 0 と比較して，地震前と地震後の両方の画像を用いたケース 1～3 は全般的に良い性能を示しており，時系列の衛星画像を災害被害検知に利用することが有効であることがわかる．特に, ケース 3 の 3-d CNN モデルは, ここで比較したモデルの中で最も高い分類性能を示している．3 次元の畳み込みフィルタは，画像の差分値に比較して時空間データからより一般的な特徴を取り出すことができるため，深層学習モデルが学習過程を経て地震被害検知に寄与する特徴を獲得したと考えられる．

表 3.4　時系列画像からの特徴抽出方法を変えた場合の被害検知精度の比較

No.	正解率	精 度	再現率	ROC-AUC
0	0.64	**0.88**	0.60	0.72
1	0.69	0.56	0.75	0.79
2	0.70	0.67	0.72	0.78
3	**0.76**	0.67	**0.82**	**0.82**

3.5.2　マルチモーダル構造の有効性

表 3.5 は，表 3.3 中の各モデルによる検証データに対する分類性能を比較したものである．モデルの性能は，正解率，精度，再現率と ROC-AUC の 4 指標の観点から評価している．

各モデルを比較すると，概してモデル 2 が高い性能を示している．すなわち，衛星画像や構造物属性を単体で用いるよりも，提案するマルチモーダル構造を用いることによって高い被害検知性能を達成できていることが分かる．特に ROC-AUC の指標が高い値を有していることは，被害検知という目的において望ましい性質である [11]．

図 3.4　提案手法による被害検知結果と実際の被害状況の比較

図 3.4 は，提案手法によって衛星画像と構造物情報から判断された益城町における熊本地震時の住宅被害を，現地調査から確認された実際の被害状況と比較したものである．現地調査結果と比較して，提案手法は地区ごとの被害傾向を把握するうえで十分な精度で被害検知を行えていることがわかる．

表 3.5　マルチモーダル構造の有無による被害検知精度の比較

No.	正解率	精 度	再現率	ROC-AUC
1	0.72	0.30	**0.85**	0.85
2（提案手法）	**0.86**	**0.46**	0.75	**0.89**
3	0.70	0.27	0.74	0.74

3.5.3　誤分類データの属性について

表 3.5 に示すように，提案手法は全体の正解率は高い値を示しているが，再現率，すなわち倒壊とラベル付けされた構造物を正しく検知した比率がやや低い値を示している．この原因を確認するために，２値化したラベル付けを行う前の，元の被害グレード毎の正解率を示したものが図 3.5 である．図からは,他のグレードに比較して被害グレード 5 (D5) の正解率が突出して低くなっていることがわかる．D5 に分類される建物は，本研究での２値化したラベル付けの際は「倒壊」に分類されるため，このグレードの建物の判定を多く誤っていることが recall の低さにつながっていると考えられる．

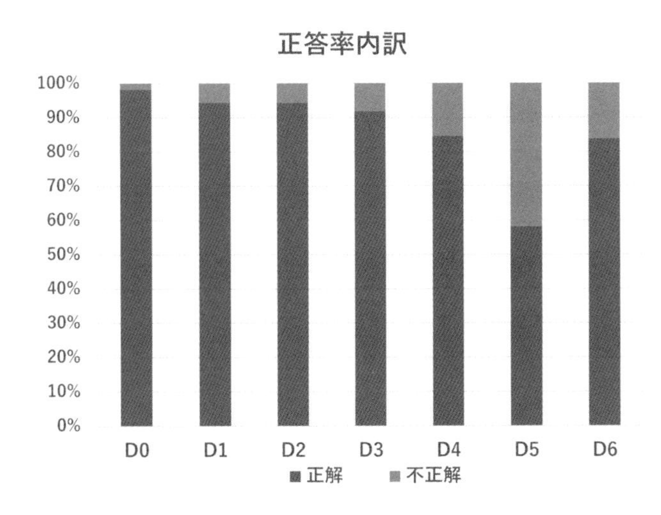

図 3.5　被害グレード毎の正解率

建物の完全な倒壊などを意味する被害グレード 6（D6）に比較して，被害グレード 5 と評価される建物の中には，1 階のみの倒壊や構造の傾きといった，直上撮影からは判断の困難なものが多く含まれている．そこで，誤判別データの傾向や共通点を探るために悉皆調査結果内に詳細な破壊形態の記述のある建物の情報をもとに，被害グレード 5 内の破壊形態を「1 階被害」「2 階被害」「全壊」「部分崩壊」「一部損壊」「変形傾斜」「その他」の 7 カテゴリに再分類した．この再分類結果をもとに，「2 階被害」「全壊」「部分崩壊」の 3 カテゴリを直上撮影から判別可能な被害形態のカテゴリ群，その他の 4 カテゴリを直上からは被害判別が困難な被害形態のカテゴリ群と仮定し，それぞれのカテゴリ群に対する正解率を確認した．

図 3.6 は，両カテゴリ群に対する，提案手法による被害検知結果の正解・不正解の内訳を示したものである．判別可能と考えられるカテゴリ群に対しては，提案手法は 71 % の正解率を有していることに対し，判別が困難と考えられる破壊形態のカテゴリ群では正解率が約 37 %となっており，同じ被害グレード 5 の中でも，直上撮影から判断可能な被害形態かどうかがモデルの正答率に大きな影響を与えていることがわかる．

この結果からは，衛星画像から判別可能な被害は悉皆調査等の際に評価される被害グレードとは異なるものであることに注意を払う必要があることや，機械学習モデルの性能をより向上させる上では，データセットに倒壊・非倒壊のラベル付けも同様の観点に基づいて行うことが有効であることが示唆される．

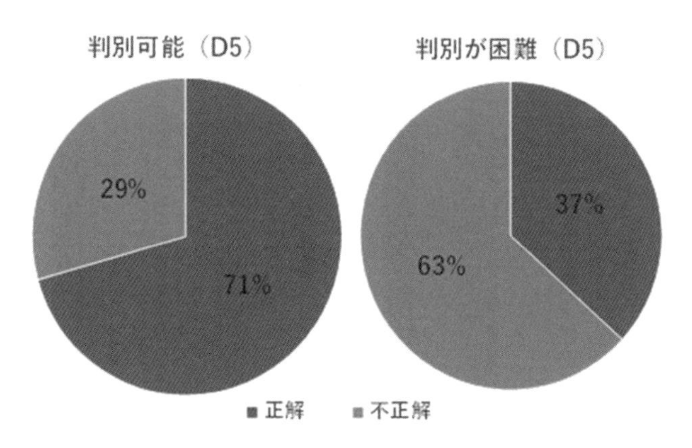

図 3.6　被害形態のカテゴリ群毎の正解・不正解の内訳

3.6 おわりに

本章では，震災直後に地域の住宅被害を客観的に把握するための技術として，深層学習を利用した衛星撮影画像からの地震被害検知システムの概要とモデル設計の考え方を解説した．平常時に撮影されたものを含む複数の衛星撮影画像の利用や，災害被害に関連の深い複数の情報を統合する方法は，本章の研究事例において示した事例以外にも自然災害一般の検知に対して有効な方策となることが期待される．災害の激甚化・頻発化の傾向にある我が国において，深層学習などの先端的な技術を駆使した被害状況の把握や予測のための手法を開発することは，今後も重要な研究開発分野と考えられる．

参考文献

1）L. Dong, and J. Shan:A comprehensive review of earthquake-induced building damage detection with remote sensing techniques, ISPRS Journal of Photogrammetry and Remote Sensing, Vol. 84, pp. 85-89, 2013.

2）六川修一，田口仁，酒井直樹：衛星データアンド即時共有システムと被災状況解析・予測技術の開発，Journal of The Remote Sensing Society of Japan, Vol. 40, No. 3, pp. 147-152, 2020.

3）M. Matsuoka, and F. Yamazaki: Use of satellite SAR intensity imagery for detecting building areas damaged due to earthquake, Earthquake Spectra, Vol. 20, No. 3, pp. 975-994, 2004.

4）X. Tong, Z. Hong, S. Liu, X. Zhang, H. Xie, Z. Li, S. Yang, W. Wang, and F. Bao: Building-damage detection using pre- and post-seismic high-resolution satellite stereo imagery: A case study of the May 2008 Wenchuan earthquake, ISPRS Journal of Photogrammetry and Remote Sensing, Vol. 68, pp. 13-27, 2012.

5）B. Mansouri, and Y. Hamednia: A soft computing method for damage mapping using VHR optical satellite imagery, IEEE Journal of Selected Topics in Applied Earth Observations and Remote Sensing, Vol. 8, No. 10, pp. 4935-4941, 2015.

6）Y. Bai, B. Adriano, E. Mas, and S. Koshimura: Machine learning based building damage mapping from the ALOS-2/PALSAR-2 SAR imagery: case study of 2016 Kumamoto Earthquake, Journal of Disaster Research, Vol. 12, pp. 646-655, 2017.

7）S. Ji,W. Xu, M. Yang, and K. Yu: 3D convolutional neural networks for human action recognition," IEEE Transactions on Pattern Analysis and Machine Intelligence, Vol. 35, No. 1, pp. 221-231, 2013.

8）D. Tran, L. Bourdev, R. Fergus, L. Torresani, and M. Paluri: Learning spatiotemporal features with 3D convolutional networks," IEEE International Conference on Computer Vision (ICCV), pp. 4489-4497, 2015.

9）J. Ngiam, A. Khosla, M, Kim, J, Nam, H. Lee, and A. Y. Ng: Multimodal deep learning," Proceeding of 28th International Conference on Machine Learning (ICML-11), pp. 689-696, 2011.

10）日本建築学会：2016年熊本地震災害調査報告，2018.

11）J. Huang, and X. C. X. Ling: Using AUC and Accuracy in Evaluating Learning Algorithms, IEEE Transactions on Knowledge and Data Engineering, Vol. 17, No. 3, pp. 299-310, 2005.

河川防災における AI の応用

4.1 河川災害の現状

豪雨による水害のリスクが顕在化してきている．表 4.1 のように，近年は全国各地で毎年連続して水害が発生している．さらには，気候変動により今後の水害リスクの増大も懸念されている[5]．

表 4.1　近年の主な水害・土砂災害事例

年・月	災害の概要	死者・行方不明者
2020 年　7 月	球磨川氾濫，全国的な記録的大雨	86 名[6]
2019 年 10 月	令和元年東日本台風（千曲川，阿武隈川など）	94 名[7]
2018 年　7 月	西日本豪雨	232 名[8]
2017 年　7 月	平成 29 年九州北部豪雨	43 名[8]
2016 年　8 月	台風 10 号など（東北・北海道）	29 名[8]
2015 年　9 月	関東・東北豪雨（鬼怒川氾濫）	8 名[8]
2014 年　8 月	広島の土砂災害	75 名[8]

洪水・氾濫の被害を防ぐために，全国で堤防やダム，遊水池などの対策施設が整備されている．しかしながら，こうした施設には能力の限界があり，全ての洪水を防ぎきることは不可能である．ダムについては，建設適地や環境面などへの配慮から大規模な新規建設が難しくなってきており，既存のダムを効率的に活用するための取り組みが進められている．そのほかに，土地利用規制などを含めた流域全体での対策（流域治水）や，住民目線での防災意識の向上，情報配信による的確な避難など，水害を防ぐために様々な対策の組み合わせが考えられている[9]．

水害対策の様々な場面で，AI の活用が期待されている．図 4.1 に，水害対策において AI の活用が期待される様々な場面を示す．ダムについては，貯水池への流入量を適切に予測し[1),10)-13]，効率的にダムを運用するための AI の活用検討が行われている[2),14)-17]．河川についても，いち早く正確に洪水を予測するための研究や[18)-26]，画像モニタリングにより危険度を把握する研究[27),28]などが進められている．また河川から洪水氾濫が生じてしまった際に，素早く被害状況を把握する研究[29)-31]や，避難など適切な防災行動を促すための情報提供に向けた取り組みも行われている[32]．さらには，気象予測の高度化にもAIの活用が研究されている[33)-36]．

上記の紹介した例の他にも，AIを活用した様々な水害対策の取り組みが進められている．もちろん，AIによらないアプローチでも最先端の研究が進められており，現在のところ社会実装されている技術の大部分は非AIによるものと言える．しかしながら，最先端のAI技術への期待から，AIの河川防災への応用に向けた研究が模索されている．従来から研究開発が進められている技術と，AIによる新しい技術とを組み合わせて，防災技術を高めていくことが望まれる．

本書では，ダム運用の効率化に対するAIの活用，AIによる洪水氾濫の把握の研究，河川水位を正確に把握するための観測データの異常検知について紹介する．なお，AIを用いた洪水予測については，姉妹書の『AIのインフラ分野への応用』[26]に筆者らの取り組みを交えて詳しく紹介されており，あわせて読めば理解が深まるものと思われる．

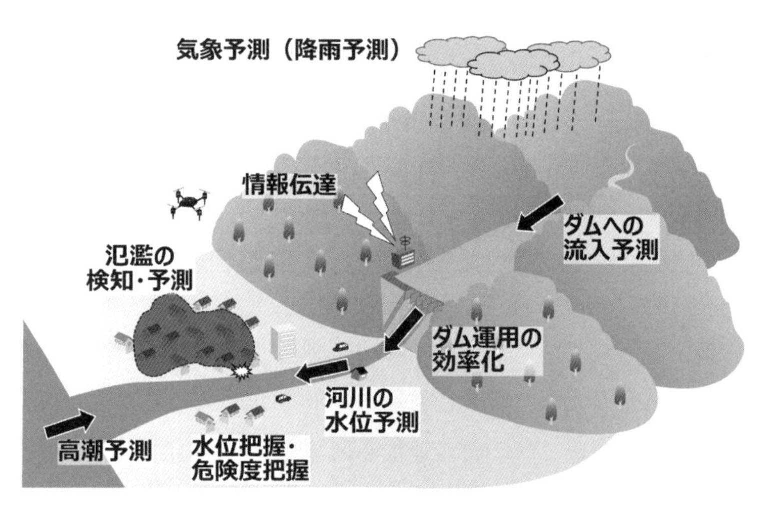

図4.1　水害対策においてAIの活用が期待される様々な場面

4.2 AIによるダム運用の効率化①：ダムの流入量予測

4.2.1　ダム運用の現状と課題

2018年の西日本豪雨災害や，2019年の令和元年東日本台風など，近年の洪水の激甚化に伴い，既存のダムを有効活用することの重要性が高まってきている．ダムによる洪水調節の仕組みを図4.2に示す．通常の洪水調節では，図4.2左のように河川からダムへの流入を貯留し，放流量を少なくすることで下流の洪水を防いでいる．図4.2右のように，計画以上の洪水（異常洪水）などでダムが満杯となってしまった場合には，もはや洪水を貯留することはできず，ダムへの流入と同じ量の水を放流せざるを得ない．

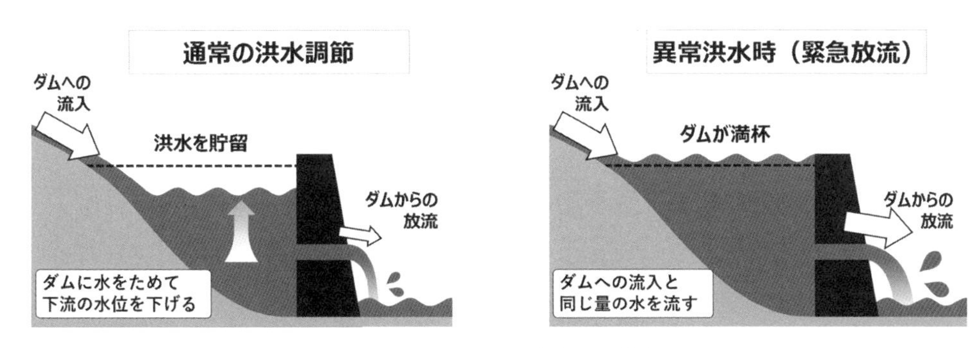

図 4.2　ダムによる洪水調節の仕組み

ダムによる洪水防御の効果を高める方法として，まずダムの容量を大きくすることが考えられる．そのためには，既設のダムの嵩上げを行うことで容量を大きくする方法があり，全国の複数のダムで実施・検討されている．また排砂施設などを新設して，ダムにたまった土砂を取り除くことで容量を増やす運用も行われている．もちろん，新たにダム建設が進められている事例もある．いずれも確実に洪水防御機能が期待できるが，建設費や環境面での課題をクリアする必要がある．

一方で，ダム操作の高度化によって容量をより有効に活用する検討も行われている．例えば，洪水が来る数日前から放流（事前放流）を行い，一時的に容量を大きくして洪水に備える運用が行われるようになってきている．近年の気象予測技術の進歩や，毎年のように生じる洪水被害を鑑みて，事前放流を積極的に行うための取り組みが進められている．しかし，多くのダムでは洪水防御とともに水資源を確保する役割を持っているため，ジレンマも抱えている．事前に放流したにも関わらず雨が降らなかった場合などは，水不足となるリスクがあり，利水者への補償などが必要となる．

事前放流の検討とは別に，洪水が起きている最中のダム操作にも難しさがある．洪水中に下流への放流量を減らせば，すぐにダムは満杯になってしまう．逆に満杯にならないように放流量を増やせば，洪水調節の効果は少なくなってしまい，ダム下流での水害リスクが高くなる．したがって，ダム容量の余裕や洪水流量，ダム下流河川の危険度などを踏まえて，ちょうどよい放流量を決めなければならない．洪水調節を行うダムでは，ダム上流で想定される降雨や，下流河川の安全性を見込んで，ダム操作のためのルール（操作規則・操作細則，ただし書き操作規則など）が定められている．ダム管理者は，これらに基づいて放流操作を行うことが義務付けられている．しかしながら操作ルールはあらゆる場面で万能なものではなく，想定以上の洪水時や，現実に下流が危険にさらされている場合，一つの河川の上流域で複数のダムが同時に放流を行う場合など，ダム操作には難しい判断が求められる．洪水中のダム操作をより効率的に行うため，①：ダム流入量の正確な予測，②：ダム放流に伴う下流河川の危険度の把握，③：①②を踏まえた柔軟な放流操作，といった研究が進められている．本書では，AI を活用したこれらの研究について紹介する．

4.2.2　AI によるダムの流入量予測モデル

洪水時のダム運用のために，AI によるダム流入量予測の高精度化が研究されている．代表的な例として，ここでは深層ニューラルネットワークを用いた手法を文献 1) を出典元として紹介する．

本検討で用いたダム流入量予測モデルは，図 4.3 のような入力層・中間層２層・出力層から構成される階層型ネットワークである．入力データは上流の雨量や河川水位などとし，出力データはダム流入量とする．過去の洪水データを学習することで，ダム流域の降雨 - 流出応答を表現できるようになる．降雨からダム流入までのタイムラグを考慮すれば，先の時刻までの予測が可能である．予測雨量を用いれば，さらに先の時刻まで予測ができる．また積雪地帯では，雪や気温の情報を合わせて用いることで，融雪出水の予測も可能である．

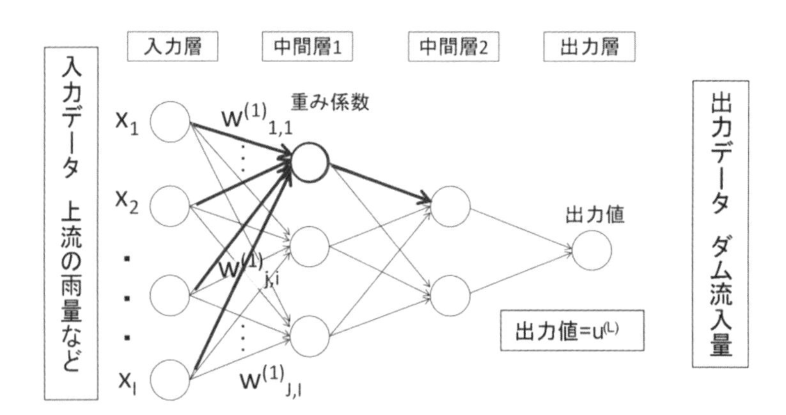

図 4.3　深層ニューラルネットワークによるダム流入量予測モデルの概要

ニューラルネットワークの各ノードでは次のように計算を行う．

$$u = \theta_i + \sum_{i=1}^{K} w_i x_i \qquad (4\text{-}1)$$

$$z = f(u) \qquad (4\text{-}2)$$

ここで，u は各素子の入力和，x は入力値，w は重み係数，θ はバイアス，K は各階層の構成素子数，$f(u)$ は活性化関数，z は素子の出力である．なお，こうした手法は河川の水位予測とほぼ同様であり，既往文献に詳細を記載している[24]．

本検討では筑後川水系の下筌（しもうけ）ダム流域（図 4.4，流域面積は 185 km^2）を対象とした．レーダ雨量で流域内の降雨分布が詳細に観測されており，これを図 4.4 に示すような下筌ダム流域内の 11 の小流域ごとに平均雨量に変換し，モデルの入力データとした．なお大雨時のレーダ雨量データを分析すると，降雨から 20 分～70 分のタイムラグでダム流入量が増加していることが分かった．そのため，20 分～70 分のタイムラグのあるデータを入力データとした．例えば現時刻から 30 分後までの流入量を予測するモデルでは，入力データは現時刻から 40 分前～10 分後の雨量とした．また，雨量データのほかに，10 分前～現時刻におけるダム流入量，20 分前～現時刻における流入量変化（10 分当たりの変化量）を加えた．以上より，入力データ数は雨量が 11 流域×6 データ，流入量データが 2，流入量変化データが 3 であり，合計 71 個を入力データとした．予測時間ごとに 6 つの ANN モデルを構築し，それぞれ 10 分～60 分後までのダム流入量の変化を予測するものとした．なお，30 分以上先の予測には将来時刻の雨量データが必要となる．ここでは実況雨量を予測雨量に見立てた完全予測データによるモデルの精度検証結果を紹介する．

検討対象洪水として，レーダ雨量の入手できる 2006 年以降の 22 洪水を抽出した．洪水対象期間は，ピークの 12 時間前から 8 時間後までとした．したがって，22 出水×20 時間 10 分 =443 時間 10 分，10 分データで 2662 組のデータを検討対象に用いた．

図 4.4　下筌ダム流域と観測所位置および小流域番号[1]

学習したモデルにより，モデルの精度検証を行った．時刻ごとの予測流入量と実績流入量のグラフを図 4.5 に示す．図の左の縦軸は水位，横軸は時刻を表している．図の黒丸は実績のダム流入量，実線は予測のダム流入量である．予測は 10 分ごとに行っているため，何本もの線が重なるようにして表示されている．一回の予測は 60 分先まで行うため，一本の線は 60 分の長さに相当する．黒丸（実績流入量）と実線（予測水位）がぴったり重なっている場合は，予測が完全に的中していることを意味している．改めて図 4.5 を見ると，60 分先までの予測精度は，洪水波形の立ち上がりやピークの最大値など，防災上の重要な部分も含めて良く再現できている．なお予測計算時間は，Intel® Xeon®X5690（6-Core，3.46 GHz）を搭載した計算機により 1 秒未満であり，一度モデルの学習が済んでしまえば高速に計算が可能である．

なお，本検討は実際に降った雨での再現計算である．予測雨量を使った場合は精度が下がるが，60 分先までであれば大きな差は見られなかった [1]．予測可能な時間は，予測雨量の精度に加え，降雨がダムに到達するまでのタイムラグにも依存するため，大きな流域であるほど長い時間の流入量予測に有利となる．

ところで，ダム流入予測や洪水予測のような時系列の問題に対しては，LSTM などの時系列に特化したモデルを用いること [37] も有力である．そうしたモデルであれば，本稿のように洪水事例の抽出やタイムラグの分析といった手間をかけなくても，自動的に最適なチューニングを実現してくれるのかもしれない．ただ筆者は，大きな洪水の観測データは数が限られているため，事前のデータ選択・分析を丁寧にやった方が良いと考えている．今後の研究成果にも注目していきたい．

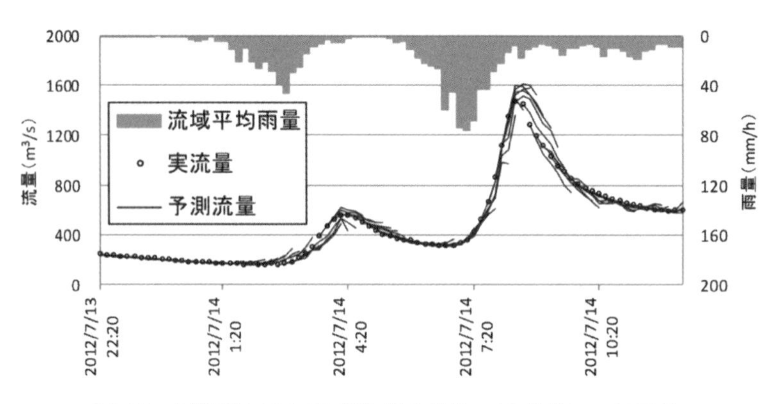

図 4.5　下筌ダム流入量予測（10 分後～60 分後）の結果 [1]

4.3　AIによるダム運用の効率化②：ダムの放流ゲート操作[2)]

4.3.1　ダム操作AIモデルの概要

図4.6は，ダムのゲート操作の状況を模式的に示した図である．図のように，現在のダム操作は専門の職員が行っている．時々刻々と更新される情報を見ながら，操作規則などのマニュアルに基づいて人の手で放流量を調整している．洪水中のゲート操作は，ダムの貯水位や流入量に基づいて判断される．より差し迫った状況では，降雨予測や流入量予測，下流の危険度などを踏まえた高度な判断が求められる．

本章の第2節で述べたように，洪水中のゲート操作の判断支援にAIを活用する研究が行われている．第二次AIブームのころには，ファジィ理論などを用いたダム操作支援の先駆的な研究が行われている[14),15)]．近年においては，より新しいAI技術によるダム操作支援[2),3),16),17),42)]や貯水池運用支援[38)]への適用が研究されている．

筆者らは，深層ニューラルネットワークとダムモデルを組み合わせて，ダム操作を判断するAIを構築した．図4.7にダム操作AIの模式図を示す．ニューラルネットワークは一般的な階層型ネットワークである．入力データはダムの操作判断を行うための諸量とし，具体的には現時刻～6時間後までの予測流入量データ，現時刻の流入量データ，10分前の放流量，10分前の貯水位とした．出力データはダム放流量を決定するためのパラメータとし，1～15の離散値で表すようにした．

現実的なダム操作の条件を反映させるため，ダムモデルでは次のような計算を行う．

・実測値として与えられるダム貯水位，流入量，放流量や，入力されるダム流入量予測を取り込む．これらの値と，計算される放流量から，貯水位の変化を計算する．
・ゲートを全開にした場合の設計値に基づき，ダム貯水位に応じて放流可能な最大流量を計算する．
・ゲート全開にした場合の放流量を上限として，ニューラルネットワークから出力された値に応じた15段階の放流量を計算する．具体的には，ニューラルネットワークの出力が15であれば最大限の放流量，出力が1であれば最小限の放流量となるようする．
・ただし，機械的なゲートの開閉速度の限界を上回らないように制約を与えた．
・また，流入量が決められた洪水流量以下の場合は，ニューラルネットワークの出力に関わらず放流量＝流入量とした．

以上の設定により，時々刻々と変化する状況に応じて，適切なダム放流量を決定することを目標とした．なお，ダム管理の実態に基づき，実運用と同様にダム操作は10分間隔で行うこととした．

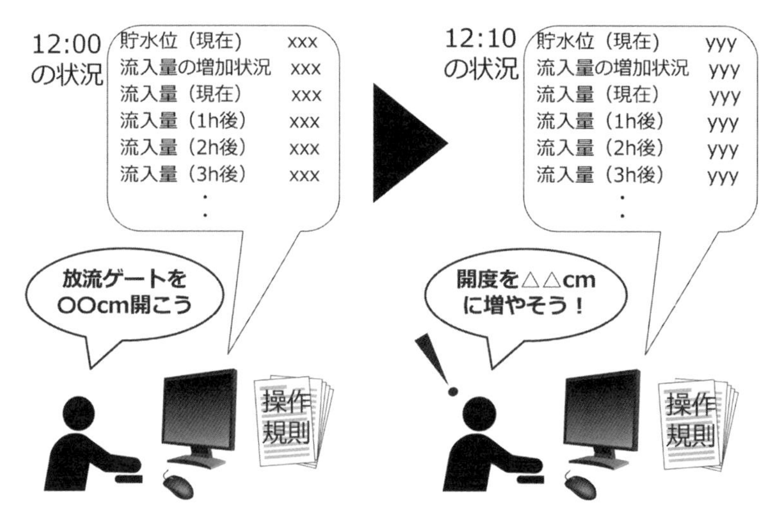

図4.6　ダムのゲート操作判断の模式図

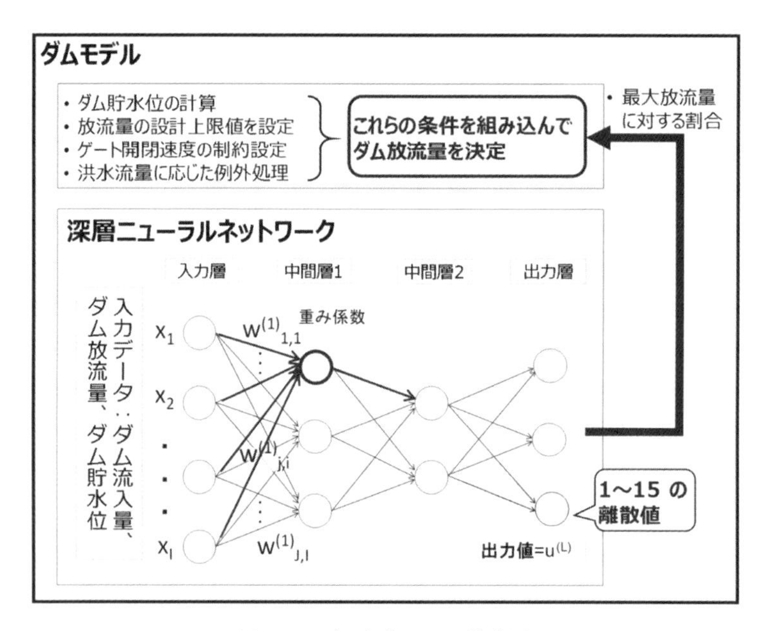

図4.7　ダム操作AIの模式図

モデルの学習には強化学習を適用した．強化学習とは，ニューラルネットワークを含めた様々なAIモデルの学習方法の一種である．強化学習の仕組みを図化すると図4.8のようになる．AIモデル（エージェント）は，環境に応じて何か行動を起こし，その結果に応じて報酬あるいは罰則を受ける．できるだけ高い報酬が得られるように，無数の試行錯誤を繰り返すことで，AI は高い性能を獲得していく．人間をはじめとした生物も環境に応じた最適な行動を学習しており，強化学習はこうした生物の学習過程を模倣したものであるともいえる．強化学習の代表的な事例として，2013 年にビデオゲームへの適用[39),40)]で注目を集め，その後 2016 年のアルファ碁[41)]がプロのトップ棋士を破ったことで大きな話題となった．

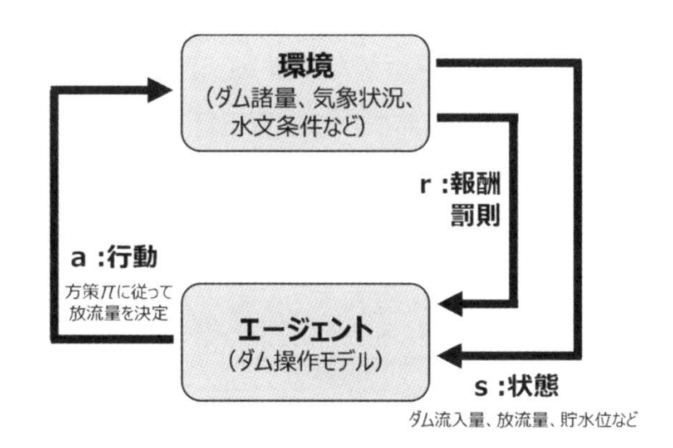

図 4.8　強化学習の概念図

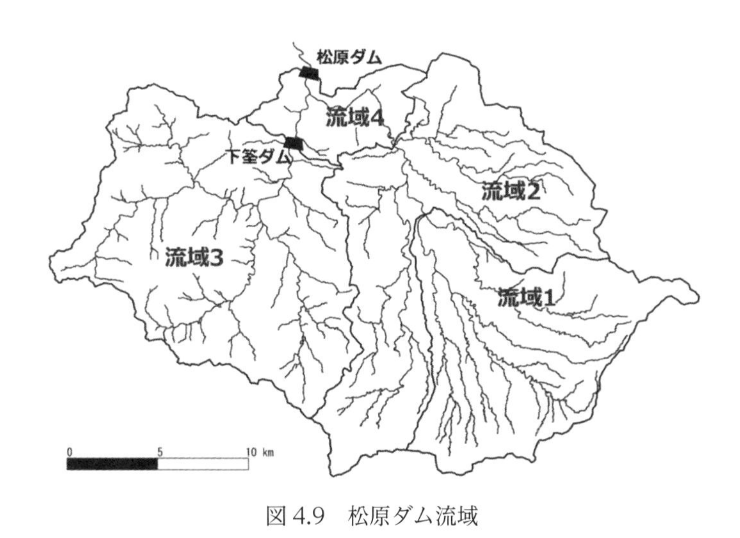

図 4.9　松原ダム流域

4.3.2　ダム操作 AI モデルの構築

検討対象は，筑後川水系上流域の松原ダムとした．松原ダムの流域面積は 491 km^2 で，上流には下筌ダム（流域面積 185 km^2）が含まれる（図 4.9）．洪水時の放流はコンジットゲート 3 門，クレストゲート 4 門により行う．ダム流入量が 700 m^3/s 以上になると洪水調節を開始し，計画高水流量は 2770 m^3/s，調節後流量は 1100 m^3/s である．ダム貯水位が洪水調節容量のおよそ8割に相当する貯水位（268.1 m）に達した後は異常洪水時防災操作を実施し，放流量が流入量と等しくなるまで徐々にゲートからの放流量を増加させる（いわゆる緊急放流）．洪水時最高水位は 273.0 m であり，その上に上限水位（設計洪水位）が定められている．ダム天端を水が越流すると，電気設備などが損傷しダムの調節機能が失われる可能性がある．そのため，貯水位が上限水位を超えることは避けなければならない．

深層ニューラルネットワークに基づくダム操作 AI（図 4.7）に対し，多数の仮想洪水で強化学習を適用することで，洪水調節操作の学習を行った．具体的な手順を図 4.10 および以下に示す．

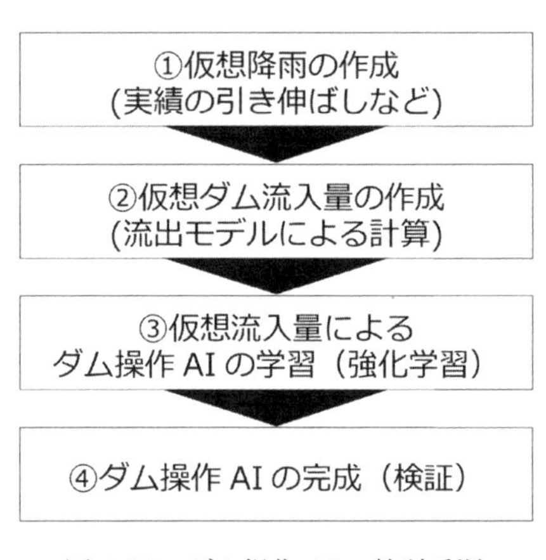

図 4.10　ダム操作 AI の検討手順

(1)　仮想降雨の作成

多様な洪水に対して柔軟なダム操作を身につけさせるため，様々なパターンの学習用の仮想降雨を作成した．まず，降雨の元データとして，国土交通省によるレーダ雨量（同時刻合成レーダ）が存在している 2006 年以降で，松原ダムへの流入量が比較的多い洪水を選定した．ただし，これらの過去の洪水は計画洪水よりも大幅に小さく，異常洪水時防災操作（いわゆる緊急放流）などに移行することなく洪水調節が行われている．従って，実績のデータのみでは大規模な洪水に対する AI の学習が十分にできない．大規模出水に対する AI の適用性を確認するため，既存の操作規則では対応が難しいような大規模降雨データを仮想に作成した．異常洪水時防災操作が発生するような洪水規模となるよう，実績の降雨強度に倍率をかけて引き伸ばした降雨パターンを作成する．また，平成 24 年，平成 29 年の九州北部豪雨の最も強い雨域を松原ダム流域にスライドさせることで，仮想降雨データを作成した．以上により，合計 20 の仮想降雨事例を作成した．

⑵　仮想ダム流入量の作成

仮想降雨に基づき，降雨 - 流出モデルを用いて仮想ハイドログラフ（ダム流入量の時系列）を計算した．降雨 - 流出モデルには貯留関数モデルを用いた．貯留関数モデルは，降雨に応じて流域内の貯留（地下水）がたまっていき，貯留が増えると河川流量が大きくなる仕組みになっている．実際の降雨 - 流出メカニズムを簡易に表現したモデルであり，河川やダムの検討で広く用いられている．

⑶　仮想ダム流入量によるダム操作 AI の学習（強化学習）

仮想のダム流入量を用いて，強化学習によりダム操作 AI の学習を行った．ダム操作 AI に用いているニューラルネットワークは入力層 1 層，中間層 2 層，出力層 1 層の階層型ネットワークとし，入出力データは表 4.2 の通りとした．強化学習を適用するためには，結果に応じて与えられる報酬を適切に設定する必要がある．本研究では，洪水調節を行った際に加点し，ダム天端から越流してしまった場合には大幅に減点するように報酬を設定した．また，頻繁な放流量変化が生じないよう，放流量の変化量に応じて減点するように設定した．報酬設定の概要を表 4.3 に示す．

強化学習のアルゴリズムについては，実装が比較的容易で研究事例の多い DQN（Deep Q-Network）[39, 40]を用いた．モデルの実装には，ディープラーニング用のソフトウェアライブラリである TensorFlow を用い，ラッパーライブラリとして Keras を用いた．強化学習の設定には，Keras によって書かれた強化学習用のライブラリである Keras-RL を用い，ダム操作や必要な学習条件の設定は，これらのソースコードに書き加えることで実装した．

表 4.2　ダム操作 AI のためのニューラルネットワークの入出力データ

設定項目	設定内容
入力データ	・流入量（現時刻）
	・放流量（10 分前）
	・貯水位（10 分前）
	・上限水位と貯水位との差（10 分前）
	・10 分前からの放流量変化
	・予測流入量（1 時間後～ 6 時間後）
出力データ	・1 ～ 15 までの離散値

表 4.3　強化学習の報酬関数の概要

条件	報酬
洪水調節を行った（流入量＞放流量となった）	調整流量に応じて加点
異常洪水時防災操作開始水位を超過	超過水位に応じて減点
上限水位（＝設計洪水位）を超過	越流量に応じて大幅減点
10 分間での放流量変化が大きい	放流量変化に応じて減点

(4)　ダム操作 AI の検証

ダム操作 AI モデルおよびダム操作規則モデルでの計算結果を図 4.11 に示す．図中にはダム流入量，ダム放流量，貯水位が示されている．操作規則に基づくシミュレーションでは，2 回目の流入ピーク時（6/23 0:00 ごろ）に放流量がほぼ流入量と等しくなり，洪水貯留の能力を失っている．一方，ダム操作 AI では，ピーク時においても放流量の低減ができており，洪水全体で見ると AI の方がピーク放流量を減らすことができている．ただし，この結果は計画を大きく上回る仮想洪水に対するシミュレーションであることを付け加えておきたい．現実的には，ここまで大きな洪水が生じる可能性はほとんどないかもしれない．操作規則などを定める際には，水文学・工学の知見を踏まえ，現実的な規模の洪水を想定している．実際，図 4.11 で 1 つ目の洪水ピークまでを見ると，操作規則の方が放流量を減らすことができている．操作規則では，ある基準水位（異常洪水時防災操作開始水位）を超えるまでは，放流量を 1100 m^3/s 以下とするように定めている．この放流量は下流河川の安全度を考慮して設定された値である．本検討の AI ではこのような設定は設けていないため，洪水前半では必ずしも下流の安全を考慮した放流とはなっていない．今後 AI の実用を考えるうえでは，治水計画や既存のルールに沿った操作を学習させる必要があり，著者らもさらなる研究を行っている．

なおここでは 6 時間後までの予測流入量に仮想ハイドロの実データをそのまま与えている．すなわち，流入量予測が完璧にできたものという仮定でダム操作 AI の計算を行っている．実際は予測流入量と実流入量には誤差が生じるため，ダム操作 AI の精度も低下する可能性があるが，それについては次々節で検討する．

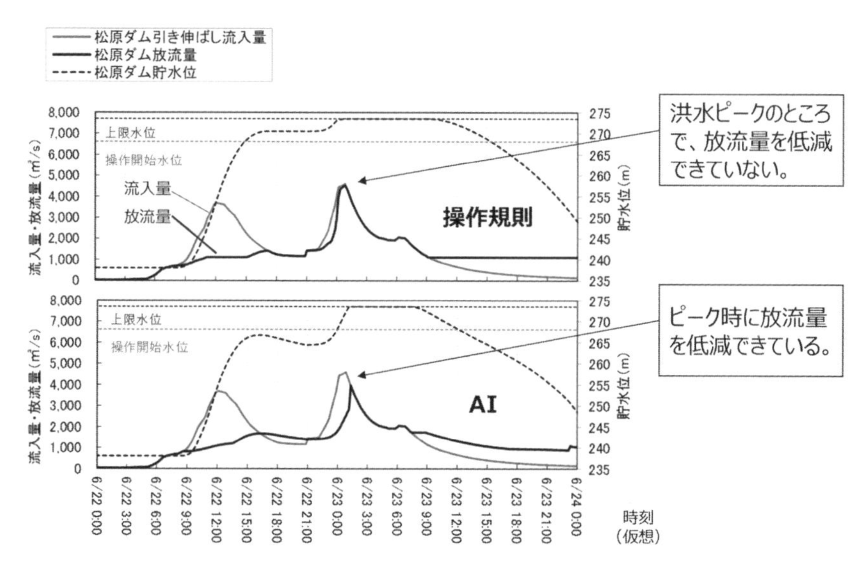

図 4.11　仮想洪水におけるダム放流シミュレーション結果（上：操作規則，下：ダム操作 AI）

4.3.3　ダム操作 AI モデルのケーススタディ

強化学習の結果は，報酬関数の設計によって大きく左右される．ここでは，報酬関数の違いによってダム操作へどのような影響が生じるかを調べた．前項で構築した AI モデルを基本ケースとして，報酬関数を変えた 2 ケースで感度分析を行った．

まず検討ケース①では，上限水位超過の減点を小さく（1/100 倍）し，検討ケース②では逆に上限水位超過時の減点を大きく（100 倍）して学習を行った．計算結果を図 4.12 に示す．

ケース①（図 4.12 中段）では，上限水位超過による減点が小さいため，AI は貯水位がどれだけ上がろうが気にせず，序盤からできる限り放流量を減らすような操作を学習した．図に示すように，洪水調節時の最低放流量（700 m ^{3}/s）を維持するような操作となっている．結果的に，貯水位が上限水位を超過してしまっているが，洪水中盤までを見ると放流量を最も低く抑えている．一方ケース②（図 4.12 下段）では，AI は上限水位超過による大幅減点を恐れてできるだけ貯水位を低くキープするような操作となっている．ピーク時にも貯水位には余裕があり，そのためピーク放流量も低減させているが，洪水中盤までの放流量は最も大きくなっている．

なお，これら 3 つの操作の中でどれが最適かは，人間が判断する必要がある．ケース②が最もピーク放流量を低く抑えているので，良い操作に思えるかもしれない．しかし，本検討はあくまで仮想の大洪水に対するシミュレーションであることに注意が必要である．もし洪水がもう少し小さい規模であり，中盤付近で洪水が終了していれば，ケース①が最も放流量を減らせたことになる．つまるところ，どこまで大規模な洪水を想定するかで，適切な操作は変わってくる．

ダム下流の堤防整備状況などの現実的な状況や，どこまでの大洪水が起こり得るかという工学的な知見など，様々な観点を踏まえてダムの操作基準を設定する必要がある．AIは報酬関数の設計によって柔軟に操作判断を学習することが可能であるので，今後はダム操作の判断基準に関する様々な知見を反映していくことで，より実用的な操作に近づいていくことと考えられる．

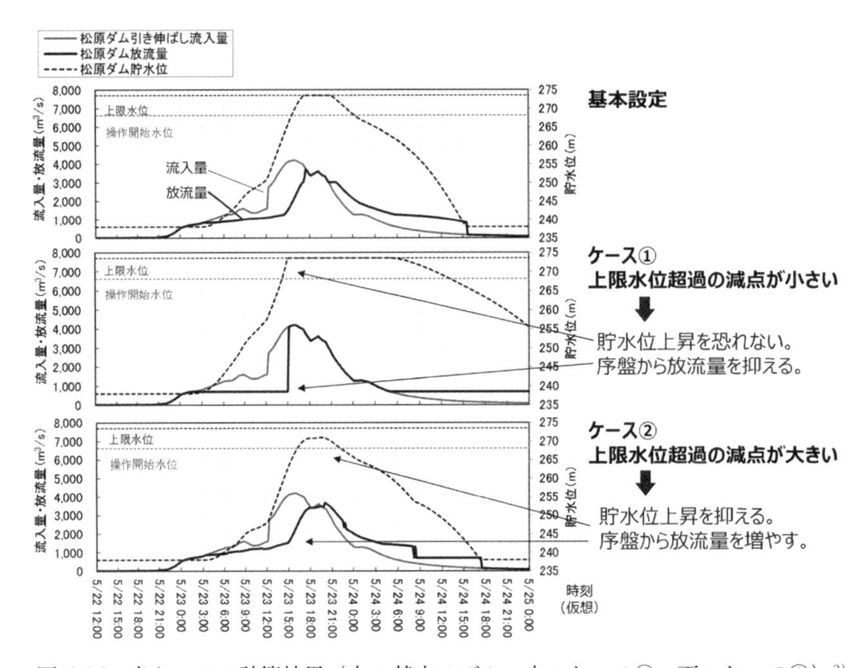

図4.12　各ケースの計算結果（上：基本モデル，中：ケース①，下：ケース②）[2)]

4.3.4　流入量予測の誤差によるダム操作AIへの影響[3)]

前項の検討では，6時間先までのダム流入量予測に誤差が全くないという理想的な条件での検証であった．実際には，気象予測や流入量予測には誤差が含まれるため，より不確かな状況の中でのダム操作判断が求められる．特に，ダムは山地の上流域に位置する場合がほとんどであり，流域内の降雨量を正確に予測することは容易ではない．また，降雨量の予測が正確だとしても，ダム流入量を正確に予測することは容易ではない（AIによる精度向上の取り組みは前節で紹介した通りである）．

本検討では，実際のダム運用と同様の条件で，流入量予測に誤差があった場合のダム操作AIの精度検証を行った．予測雨量は，実績降雨を引き伸ばして作成した仮想降雨（仮想真値）に対して，半分～倍程度になるように誤差を与えて作成した（図4.13左）．気象庁による実際の雨量予測と比べて，この程度の誤差は不自然ではないことを確認している．

また仮想予測ダム流入量は，仮想予測降雨を用いて貯留関数モデルで降雨 - 流出計算で計算することで作成した（図 4.13 右）．仮想予測雨量・仮想ダム流入量はそれぞれ 10 分ごとに 6 時間先までを予測したデータである．降雨真値によるピーク流入量は 7700 m^3/s 程度であるのに対して，同じ時刻の 6 時間後予測流入量は 0.4 倍～4.6 倍の流入量となっている．かなり大きな予測誤差であるが，流域面積が小さく予測雨量誤差が大きい場合には，現実にも同程度の大きな予測誤差は生じ得ると考えられる．

結果図は割愛するが，このような大きな予測誤差を入力データに与えても，操作判断にはほとんどブレは生じなかった．このことから，10 分ごとの短期的なダム操作に限れば，ダム操作 AI は実測値を主な判断材料にしていると考えられる．このように，雨や流入量の見通しが不確実な状況でも妥当な判断ができるのであれば，AI の実用化に向けたプラス要素だと言える．

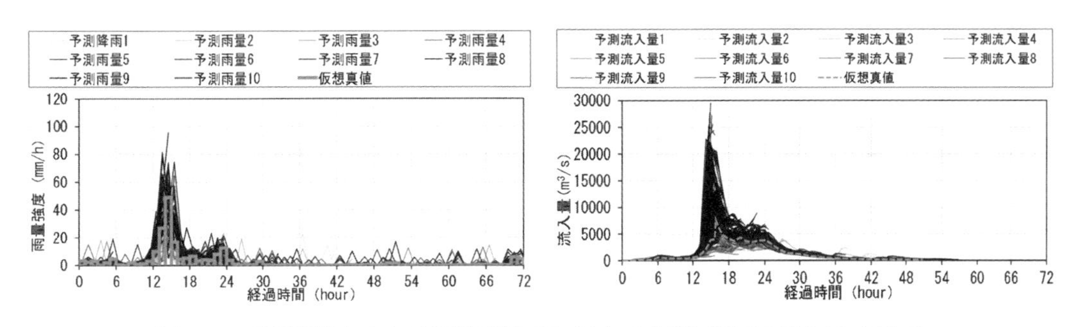

図 4.13　予測誤差を含んだ仮想予測雨量（左）と仮想予測ダム流入量（右）[3)]

4.3.5　ダム操作 AI の今後の課題

本章で見た通り，著者らは AI を用いたダム操作の可能性について検討を行っている．さらには，ダム操作 AI に下流河川の洪水危険度を予測・評価する仕組みを組み込むことで，ダム放流量のみでなく，下流の降雨状況，合流する支川の状況も踏まえて，危険度を減らすような AI の開発に取り組んでいる[42)]．まだテスト段階ではあるが，下流河川の危険度を下げつつ，ダム貯水位もうまく制御するようなダム操作を AI が判断できるかもしれない．

なお，ダムの操作は人命に直結するため，こうした AI 技術を実用化するためにはより慎重な検証が必要である．本文中でも述べた通り，洪水の規模や下流の状況によって最適な操作は異なる．AI は目標さえ設定すれば，それに応じた適切な操作を学習する．言い換えれば，どのような学習目標を設定するか，どのようなデータを学習させるかによって，異なる AI ができあがる．（あたかも，人間が学習して物ごとを覚えていくのと同じようである．）そのため，どのような操作を最適とするかを，人間によって決めることが重要である．まずは，治水計画などの現実的な条件を踏まえた操作を学習させるとともに，中小規模洪水も含めた様々なケースでの検証が必要である．またダム操作の最終判断は人間が行うものであるため，人間の判断根拠の助けとなるような結果表示の仕組みや，現実的なルールとの整合など，様々な側面から検討を行っていく必要がある．

4.4 AI による洪水氾濫域の推定[30)]

4.4.1 検討の目的

関東の首都圏を始め，日本の大都市の多くは沖積低地に位置しており，大なり小なり洪水・津波・高潮による浸水リスクを抱えている．2019 年 5 月に作成された東京都江戸川区のハザードマップ[43)]では，周辺 5 区のほとんどが水没し，250 万人が浸水被害を受けることなどが想定されている．

洪水災害時，浸水範囲を素早く知ることは，適切な避難行動や防災活動のために重要である．洪水時の被災範囲を事前に推定したものとして，全国の自治体で洪水ハザードマップが作成されている．ハザードマップの作成には，物理モデルによる氾濫シミュレーションを行う．ただし，物理モデルは解析に時間がかかるうえ，災害発生時には入力条件となる破堤箇所や越水量などを正確に把握できないため，リアルタイムでの実施は難しい．近年は CCTV や SNS 情報，安価な浸水センサーの普及などにより，多数の浸水情報を得ることが可能となってきた．ソーシャルメディアの写真情報から浸水深を推定し，浸水範囲の素早い推定を試みている研究もある[29)]．だが，こうした情報は点情報の集まりにとどまっており，面的な浸水範囲・浸水深を推定したものではない．そこで本検討では，浸水の点情報から，AI による面的な浸水域の推定を試みた．

4.4.2 画像生成モデルの概要と，浸水域推定モデルへの適用

本検討では，pix2pix[44)]を用いて浸水域の推定を行った．pix2pix は条件付き GAN（CGAN）の一種であり，画像から画像への変換を行う画像生成モデルの 1 つである．入力画像・出力画像のペアになった学習データを使って，画像変換の学習を行う．具体的には，入力画像から出力画像を生成する生成器（Generator）と，出力画像が本物かどうかを判定する識別機（Discriminator）と呼ばれる 2 つのニューラルネットワークが，それぞれ切磋琢磨するように学習が行われる．

一方，位置情報や浸水深などを持った浸水観測情報は，解像度が低く情報がまばらな2次元データと見なすことができる．このような疎な2次元データから，詳細な浸水分布の2次元データに変換することができれば，浸水域の推定が可能となる．疎な画像から詳細な画像を生成するのは，一般的には限界があると考えられる．しかしながら，洪水浸水域は地形などの強く規定されるため，生じうるパターンが限られている．そのため，地形などの影響を考慮した学習データにより事前に学習を行えば，疎な観測データから密な浸水域データの生成が可能であると考えられる．
具体的な検討手順を図4.14および以下に示す．

① 様々な浸水シナリオ（浸水規模や堤防決壊箇所）に応じた物理型の氾濫シミュレーションを実施する（堤防決壊箇所は図4.15の●で示した地点）．
② 氾濫シミュレーションの計算メッシュごとの浸水深をランダムに抽出することで，浸水の擬似観測データを作成する．
③ 画像生成モデルの一種であるpix2pixを用いて，画像化した浸水観測情報から，浸水深分布を推定する予測モデルを構築する．

以上の①②③によって構築された予測モデルを用い，任意の観測情報に基づき浸水範囲の推定を試みた．

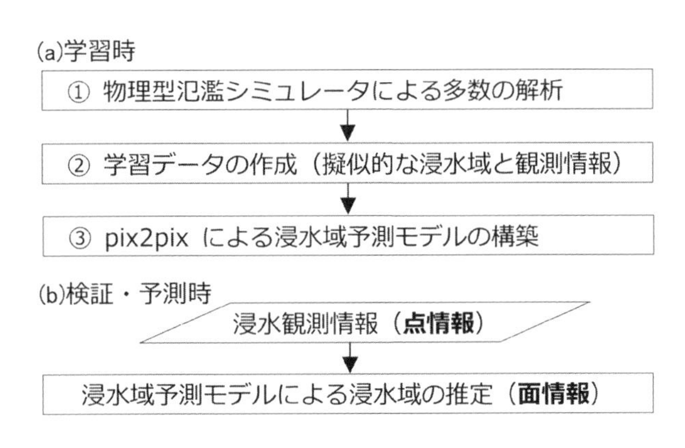

図4.14 浸水推定モデルの学習・検証手順

4.4.3 物理型氾濫シミュレーションによる学習データの作成

対象は荒川下流のデルタ地帯（図4.15）とした．標高データ，土地利用データには国土地理院の国土数値情報（それぞれ5 mメッシュ，100 mメッシュ）を使用した．解析には25 mメッシュを用いた．氾濫浸水解析には，氾濫水の挙動を精密に表現可能な

Dynamic Wave 法を適用した．Dynamic Wave 法は，氾濫水の平面的な流れを正確にシミュレーション可能であり，洪水や津波氾濫などのリスク評価に広く用いられるモデルである．

シミュレーションでは，破堤箇所 44 ケースを想定し，荒川右岸，河口から 0.5 km～14.0 km における想定地点で，堤防が根元から消失するものとした．越水条件は 4 通りとし，破堤箇所の水位が堤防天端 +0 m，+1 m，+2 m，+3 m とし，氾濫が 24 時間継続するものとした．以上より，計 176 ケースの氾濫シミュレーションを実施した．これらのシミュレーションから 10 時刻を抽出した（破堤から 1，2，3，4，6，9，12，20，30，48 時間後）．これらにより，176 ケース × 10 時刻の 1760 セットの解析結果・疑似観測データのペア画像を学習データとした．

4.4.4　浸水域推定 AI の学習・検証

図 4.16 に，pix2pix による浸水域推定結果の例を示す．図の左の画像が入力画像（擬似的な浸水観測情報），中央が pix2pix による推定結果，右が正解画像（氾濫シミュレーション結果）である．推定結果は正解画像を十分に再現している．図左の入力画像は見づらいが，画像中に 100 か所分の観測情報が含まれており，浸水が観測された箇所が黒い点として示されている．浸水の深さによって，黒色の濃さが異なるような画像となっている．図 4.17 は，学習事例には含まれていない，2 か所から氾濫が開始するような極端な事例でテストを行ったものである．このような事例でも，浸水範囲はそれなりに再現ができている．本研究はまだまだテスト段階であるが，今後は，実用化に向けてより実際的な条件での検証を行う予定である．

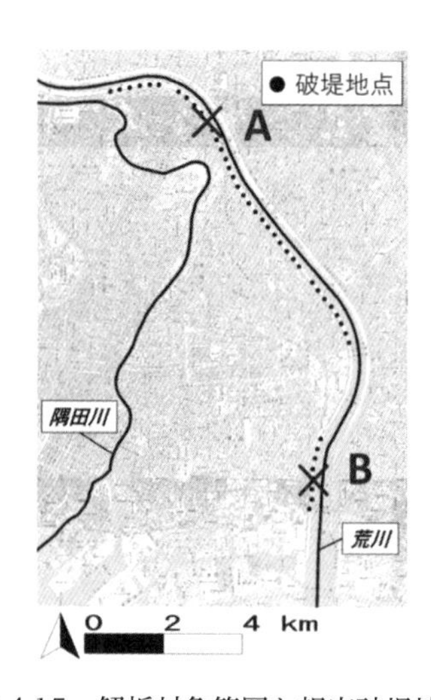

図 4.15　解析対象範囲と想定破堤地点

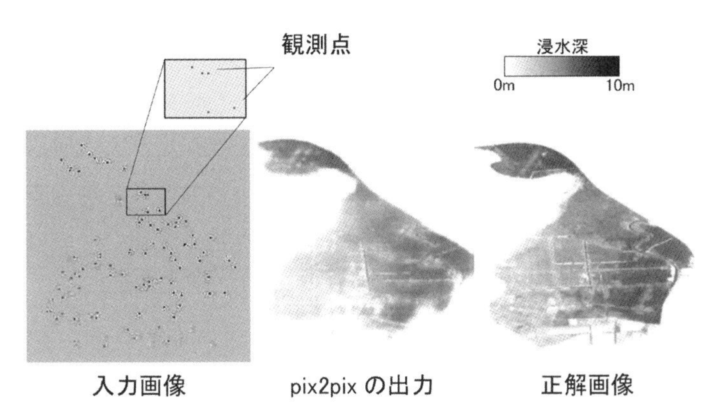

図 4.16　pix2pix による観測情報からの浸水範囲の推定結果例(1)

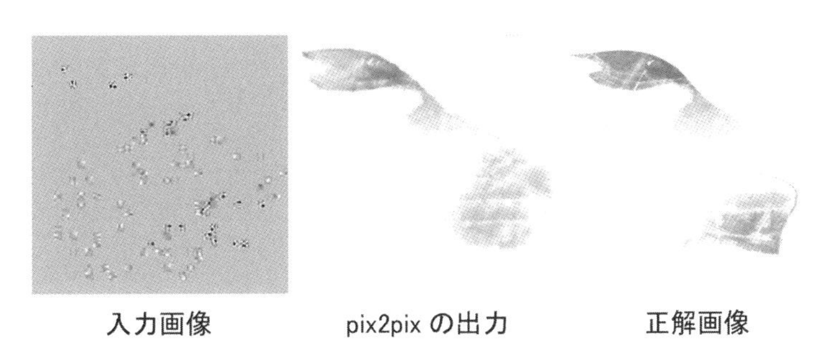

図 4.17　pix2pix による観測情報からの浸水範囲の推定結果例(2)

4.5 AIによる河川データの異常検知

以下の文章について文献[4)]を出典元として紹介する．

4.5.1　異常検知の目的

河川水位は，防災上や水文・河川工学的に重要な地点などで計測されている（図 4.18）．河川水位観測データ（以後，観測水位）の品質は，洪水時のリアルタイム防災情報としての実況把握，洪水予測の精度を左右する入力データとして重要である．観測水位をリアルタイムでインターネット配信している水文水質データベース[45)]や川の防災情報[46)]では，迅速な情報提供を優先し，異常値の含まれる観測所からの送信データを暫定値としてそのまま公表している．

河川の水位観測における代表的な異常値として，スパイクノイズ（瞬間的な異常値），水位の頭打ち・底打ち，正常値から平行にスライドする異常などがある．異常値を含んだリアルタイムデータの例を図 4.19 に示す．異常の要因として，電気系統的の異常，水位計内のゴミ詰まり，工事や水位計の付け替え・メンテナンスに伴う観測機器本体のズレなどがありうる．逆に，一見して異常値のような急激な水位の上昇・下降であっても，実際には堰の操作による水位変動であり，異常値ではない場合もある．他にも集中豪雨の際などは中小河川で急激に水位が変動する場合もあり，見た目や閾値だけでは異常検知が難しい場合も多い．

一方，国土交通省の管轄する水位計では，水文観測業務規程に則った年 2 回の事後的なデータ照査が行われており，照査要領 [47] や専門家による分析・判断によって異常値の分類が行われている．本検討では，これらの照査済みデータを教師データとすることで，10 分ごとに配信される観測水位データのリアルタイム異常検知モデルの構築を目的とした．検討に用いたデータは，リアルタイムで観測された 10 分間隔の水位データと，事後に照査された 1 時間間隔の水位データの 2 種類である．リアルタイムデータには異常値が含まれており，照査済みデータには異常値は含まれないものとした．

異常検知手法の構築および精度検証のため，過去の観測データについて，異常値・正常値のラベル付けを行った．ラベル付けの手順を図 4.20 に示す．正時データについては，照査済みデータと 3 cm より大きな乖離がある場合を異常値とした．非正時データについては，前後の正時の照査済みデータと 3 cm より大きな乖離があり，なおかつ時系列的な水位の波形が不自然な場合を異常値とした．

図 4.18　水位観測所の例（撮影：筆者）　右の例では流されてきた草が大量に引っかかっている

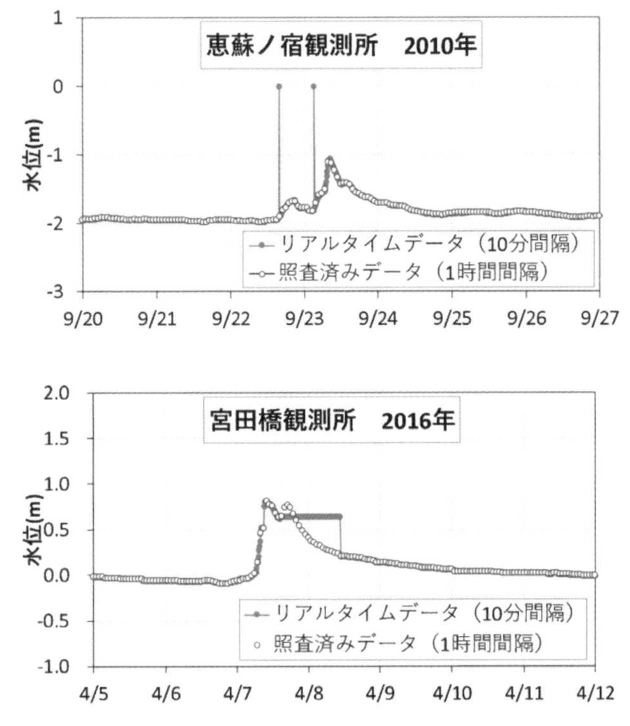

図 4.19　河川水位観測データの異常値の例（上；スパイクノイズ，下；水位の頭打ち）[4)]

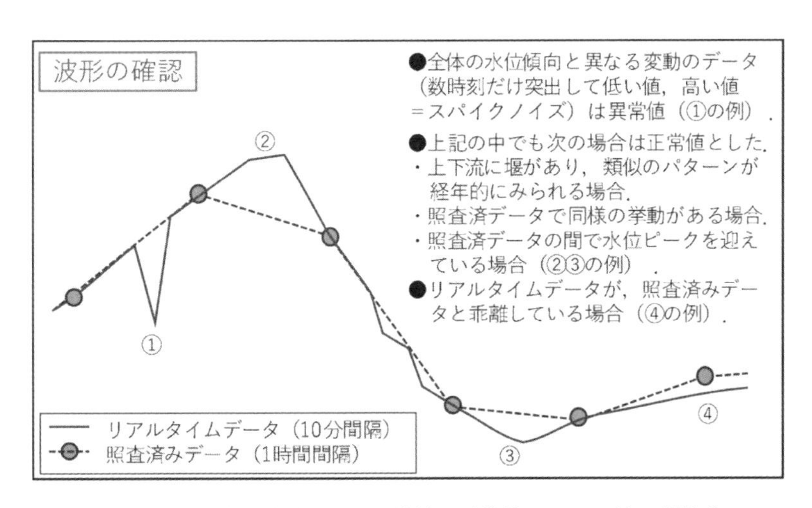

図 4.20　水位時系列による異常値・正常値のラベル付け基準[4)]

4.5.2　AI による異常検知モデルの構築

近年は AI を用いてデータ群から直接的に異常値を検出することが検討されており，有力な手法と考えられる．しかしながら河川水位データは，対象とする観測データのパターンのみでなく，周辺の雨量・水位との関連を踏まえて異常を判断する必要がある．したがって，既往の水理・水文的な知見を活かした異常検知が優位であると考えられる．

まず対象地点や周辺の雨量・河川水位の時系列挙動から，現時刻の対象地点の河川水位を推定するモデルを構築した. 河川水位の推定器としてニューラルネットワークを用いた. 推定器の入力データは上流の雨量・水位とし，出力は 10 分前から現時刻までの対象地点の水位変化とした．実際に観測された値と, 周辺情報から推定した値とのずれに着目して，観測値の異常度を算出するものとした．具体的な手順を図 4.21 に示す．

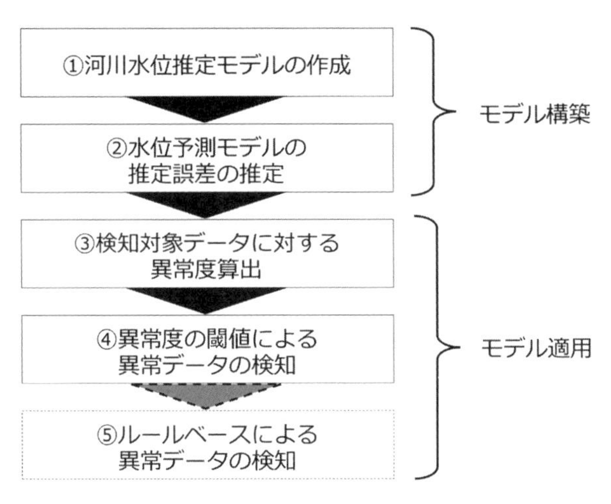

図 4.21　異常検知 AI の検討手順

(1)　河川水位推定モデルの作成

時刻までに得られる水位計周辺の様々な観測値 x を用いて，ある時刻の水位 y を予測する推定器 $f(x)$ を構築する．本検討ではニューラルネットワークを用いたが，他のモデルでも構わない．

(2)　水位予測モデルの推定誤差の推定

学習期間における河川水位推定モデルの計算結果から，推定器の予測結果と観測値との誤差 $\Delta y = \left(f(x) - y\right)$ を集計する．ここで推定誤差が正規分布と仮定すると，推定誤差の確率分布は次のように表される．

$$P(\Delta y) = \frac{1}{\sqrt{2\pi\sigma^2}} \exp\left\{-\frac{1}{2\sigma^2}(\Delta y - \mu)\right\} \qquad (4\text{-}3)$$

ここで，μ は推定誤差の平均，σ は推定誤差の標準偏差である．これらの値は最尤推定により求める．以上の手順により，推定器の誤差の頻度分布と確率密度関数を求めた．

⑶　検知対象データに対する異常度算出

このように事前に推定誤差分布が求められた推定器がある場合，新たな時刻で観測された水位の異常度 $a(y)$ は，推定器による推定値を用いて下記のように表される．

$$a(y)=\left(\frac{\Delta y-\mu}{\sigma}\right)^2 \tag{4-4}$$

式より，推定誤差が大きいほど異常度が高くなるが，その度合いは観測所によって異なることになる．すなわち，もともと推定誤差が大きくなりやすい（水位推定器の精度が悪い）地点では，多少の推定誤差があっても異常度は高くならない．逆に推定誤差が小さい（水位推定器の精度が高い）地点では，ちょっとした推定誤差でも大きな異常度が算出される．

⑷　異常度の閾値による異常データの検知

以上のように算出される異常度に対し，適切な閾値を設定する．異常度が閾値を超えた場合に，観測データが異常値であると判定する．閾値は過去のデータから設定するものであり，異常値の見逃しを減らしたい場合には低い閾値を設定し，異常値の空振り（誤報）を減らしたい場合には高い閾値を設定するなど，人間の判断により目的に応じた設定が可能である．

⑸　ルールベースによる異常データの検知

水位の頭打ち・底打ちにより同じ値が連続するような異常については，前後の時系列挙動から検知する必要があるため，リアルタイムでの検知は難しい．このような異常については，前後数十分から数時間の時系列挙動を踏まえてルールベースによる検知基準を設定した．各観測所でルールを２つずつ設定し，どちらかのルールで条件を全て満たした場合に異常値と判定した．設定した２つのルールは「大きな水位変化直後の短時間の水位静止」および「小さな水位変化直後の長時間の水位静止」という組み合わせで，様々な頭打ち・底打ちパターンに対応させた．以上のように，水位推定器の推定誤差に基づく異常検知と，ルールベース検知との２段階による異常検知（図 4.22）を，本検討における異常検知の提案手法とした．

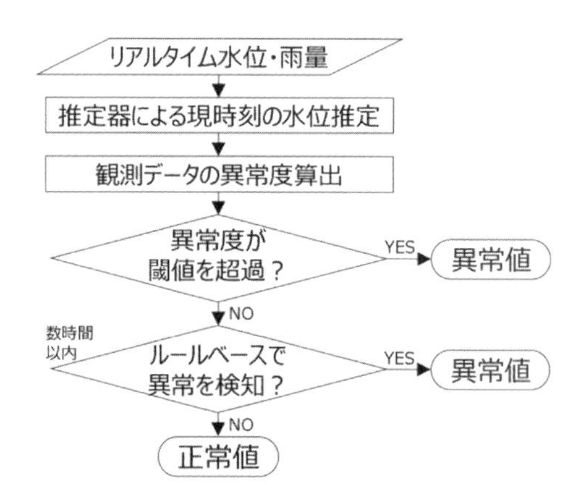

図4.22　水位推定器とルールベースを組み合わせた異常検知手順[4)]

4.5.3　実河川データを用いた異常検知の性能評価

構築した異常検知手法の性能評価を行った．対象とした観測所は，筑後川水系の恵蘇ノ宿，東名，片ノ瀬，遠賀川水系の宮田橋，春日橋の5地点（図4.23）とし，評価データは2016年の全期間および2015年以前の異常値を含んだ出水期間の10分ごとの観測データとした．評価データ数は5地点あわせて約26万である．なお，性能評価用のデータは河川水位推定器の学習には用いていない．

また提案手法の評価のため，既存手法（観測下限値より低い値，左右岸堤防を超える値，10分間で±50 cmを超える変化があった値，同一の値が7日間以上続いた場合を異常する）との比較を行った．精度指標として，検知結果の正確さを表す適合率（Precision），見逃さずに検知する性能を表す再現率（Recall），および2つの指標の調和平均であるF値を算出した．提案手法では，いずれの指標においても既存手法を上回った（図4.24）．提案手法では，既存手法で見逃している異常値も検知できている場合があり，再現率が向上している．なお正常値に対する誤検知は既存手法では5つであったが，提案手法では誤検知はゼロで適合率は100 %となった．

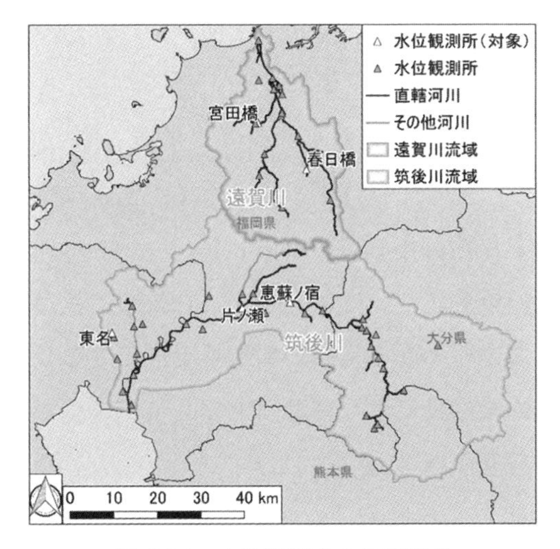

図 4.23　水位観測所の位置図 4)

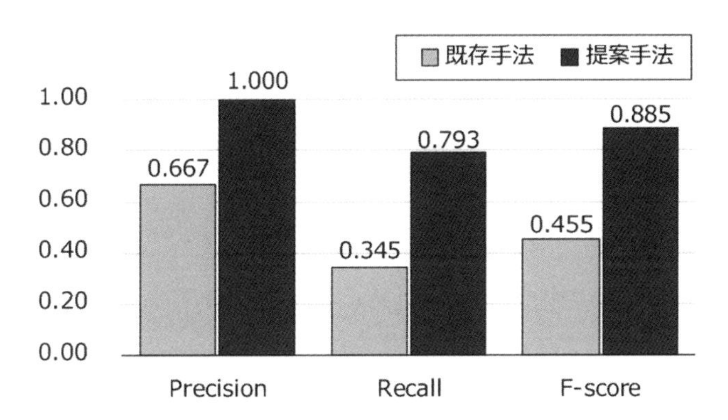

図 4.24　異常検知手法（既存手法・提案手法）の精度評価 4)

このように，提案する手法により河川水位観測の異常検知ができた．こうした手法は，簡易型水位計などの異常値の割合の多い観測所や，ダム流入量など異常値の影響が大きい観測所において，より有効な手法であると考えられる．

4.6 河川防災における AI 活用の今後の課題

本節では，人工知能（AI）を用いた河川災害に対する取り組みについて，技術紹介を行った．

ダム流入量予測については，すでに AI により十分な精度が得られている．今後は実用化を目指し，より様々な地点での実証を進めて行く予定である．ただし，物理的モデルによる予測手法の研究も進んでおり，条件によって使い分けていくことや，両者を組み合わせて活用していくことが望ましいと考える．なお，現在のところ精度検証を行っているのは数時間先の予測までであり，それよりも長時間（半日～数日先）の予測は今後の課題となっている．長時間予測に際しては降雨予測の精度が大きなウェイトを占めており，気象予測精度のさらなる向上が期待されている．

ダム操作や洪水浸水域の推定については，必ずしも直ちに社会実装できるレベルには達していないが，省力化，効率化の面で人間の判断を支援できるレベルには近づいていると考えられる．今後は技術的な改良により精度向上を図っていくとともに，様々なケースでの適用性を検証していく必要がある．

特にダム操作は人命に直結するため，責任問題が重要であり，AIの適用に向けての検討課題として残されている．実際に操作判断支援への活用を目指すためには，従来からの水文的・工学的な視点に基づくダム操作の判断基準を整理して，必要な部分はAIに反映させていくことが必要だと考えられる．

河川水位の異常検知についても，本検討では十分に実用的な精度が得られたが，検証事例はまだ限られている．また本検討では国が管理している水位計を対象としたため，もともとの観測データの信頼性が比較的高いものであった．今後はより異常値を多く含むような観測データを用いて，厳しい条件での検証を進める．また，生の観測データは公開されない場合が多いが，今後の技術的発展のためには蓄積・共有を進めて行くことが有用だと考えられる．

本書で紹介した事例のほかにも，河川災害・水災害に対する防災AI技術が考えられるだろう．発展の著しいAIの先端技術を取り込むとととともに，社会的な現実課題も踏まえて着実に技術開発に取り組んでいきたい．

引用文献

1）一言正之，遠藤優斗，島本卓三，房前和朋：レーダ雨量を用いた深層学習によるダム流入予測，河川技術論文集，Vol. 23，pp. 403-408，2018.

2）石尾将大，一言正之，島本卓三，房前和朋：深層強化学習を用いたダム操作モデルによる洪水調節，河川技術論文集，Vol. 25，pp. 339-344，2019.

3）一言正之，澤谷拓海，植西清：深層強化学習を用いたダム操作モデルのダム流入量予測誤差に対する影響評価，AI・データサイエンス論文集，Vol. 1，No. 1，pp. 459-464，2020.

4）一言正之，川越典子，橋田創，房前和明：水位推定誤差の確率分布に基づく河川水位観測データのリアルタイム異常検知，土木学会論文集 B1（水工学），Vol. 74，No. 4，pp. 193-198，2019.

参考文献

5）環境省，文部科学省，農林水産省，国土交通省，気象庁：気候変動の観測・予測及び影響評価統合レポート 2018　～日本の気候変動とその影響～，2018.

6）内閣府 web ページ，令和 2 年 7 月豪雨による被害状況等について，http://www.bousai.go.jp/updates/index.html（最終閲覧日：2020 年 8 月 16 日）

7）内閣府，令和 2 年版防災白書，http://www.bousai.go.jp/kaigirep/hakusho/pdf/R2_tokushu1.pdf（最終 2020 年 8 月 16 日）

8）気象庁 web ページ，https://www.data.jma.go.jp/obd/stats/data/bosai/report/index_1989.html（最終閲覧日：2020 年 8 月 16 日）

9）国土交通省白書，https://www.mlit.go.jp/hakusyo/mlit/r01/hakusho/r02/pdfindex.html（最終閲覧日：2020 年 8 月 15 日）

10）Raman, H. and Sunilkumar, N.: Multivariate modelling of water resources time series using artificial neural networks, Hydrological Sciences Journal, Vol. 40, No. 2, pp. 145-163, 1995.

11）飯坂達也，松井哲郎，植木芳照：ニューロ・ファジーによるダム流入量予測システムの開発，電気学会論文誌 B，Vol. 119，No. 10，pp. 1020-1025，1999.

12）Valipour, M., Banihabib, M. E., and Behbahani, S. M. R.: Comparison of the ARMA, ARIMA, and the autoregressive artificial neural network models in forecasting the monthly inflow of Dez dam reservoir, Journal of hydrology, Vol. 476, pp. 433-441, 2013.

13）Bai, Y., Chen, Z., Xie, J. and Li, C.: Daily reservoir inflow forecasting using multiscale deep feature learning with hybrid models. Journal of hydrology, 532, 193-206, 2016.

14）小尻利治，池淵周一，十合貴弘：ファジィ制御によるダム貯水池の実時間操作に関する研究，京都大学防災研究年報，Vol. 30，pp. 323-339，1987.

15）長谷部正彦，長山八州稔，粂川高徳：治水用貯水池操作へのファジィ・ニューラルネットワークシステムの適用について，水工学論文集，Vol. 40，pp. 133-138，1996.
16）大東真利茂，小槻俊司，三好健正：機械学習を用いたダム操作最適化システムの開発への取り組み，水文・水資源学会　2018 年度研究成果発表会，2018.
17）田中友紀子，平岡拓也ら：電力ダム操作における強化学習型シンボルグラウディングによる意思決定支援に関する検討，第 32 回人工知能学会全国大会，2018.
18）Dawson，C.W. and Wilby，R.L.: Hydrological modeling using artificial neural networks, Progress in Physical Geography，Vol. 25，No. 1，pp. 80-108，2001.
19）Maier，H.R. and Dandy，G.C.: Neural networks for the prediction and forecasting of water resources variables: a review of modelling issues and applications, Environmental Modelling & Software，Vol. 15，pp. 101-124，2000.
20）Maier，H.R.，Jain，A.，Dandy，G.C. and Sudheer，K.P.: Methods used for the development of neural networks for the prediction of water resource variables in river systems: Current status and future directions，Environmental Modelling & Software，Vol. 25，pp. 891-909，2010.
21）一言正之，櫻庭雅明，清雄一：深層学習を用いた河川水位予測手法の開発，土木学会論文集 B1（水工学），Vol. 72，No. 4，pp. I_187- I_192，2016.
22）一言正之，桜庭雅明：深層学習の適用によるニューラルネットワーク洪水予測の精度向上，河川技術論文集，Vol. 22，pp. 1-6，2016.
23）一言正之，桜庭雅明：深層ニューラルネットワークと分布型モデルを組み合わせたハイブリッド河川水位予測手法，土木学会論文集 B1（水工学），Vol. 73，No. 1，pp. 22-33，2017.
24）一言正之，桜庭雅明：多地点観測情報を活用した深層ニューラルネットワークによる河川水位予測の精度向上，河川技術論文集，Vol. 23，pp. 287-292，2017.
25）一言正之，桜庭雅明：学習事例を上回る大洪水に対する深層学習水位予測モデルの検証，2018 年度人工知能学会全国大会論文集，2018.
26）古田均，野村泰稔，広兼道幸，一言正之，小田和広，秋山孝正，宇津木慎司：AI のインフラ分野への応用，電気書院，2019.
27）塙翔一郎，藤田昌史，桑原祐史：Deep Learning 応用による河川水の濁りを対象とした流況画像分類に基づく河川モニタリング―茨城県水戸市沢渡川を対象として―．土木学会論文集 G（環境），Vol.75（5），pp. I_297-I_306，2019.
28）前原秀明，長瀬百代，口倫裕，鈴木利久，平謙二：ディープラーニングに基づく CCTV カメラ映像からの水位計測方法，写真測量とリモートセンシング，Vol. 58（1），pp. 28-33，2019.

29）Fohringer, J., Dransch, D., Kreibich, H., and Schroter, K.: Social media as an information source for rapid flood inundation mapping, Natural Hazards and Earth System Sciences, Vol.15(12), 2015.

30）一言正之，荒木光一，古木宏和：敵対的生成ネットワークによる洪水氾濫浸水域の推定，2019 年度人工知能学会全国大会，2019.

31）Moya, L., Mas, E., & Koshimura, S.: Learning from the 2018 Western Japan Heavy Rains to Detect Floods during the 2019 Hagibis Typhoon. Remote Sensing, 12(14), 2244, 2020.

32）AI 防災協議会 web ページ：https://caidr.jp/index.php（最終閲覧日 2020 年 8 月 11 日）

33）Shi, X., Chen, Z., Wang, H., Yeung, D.-Y., Wong, W. and Woo, W.: Convolutional LSTM network: a machine learn-ing approach for precipitation nowcasting, Advances in Neural Information Processing Systems 28, pp. 802-810, 2015.

34）Shi, X., Gao., Z., Lause, L., Wang, H. and Yeung, D. Y.: Deep learning for precipitation nowcasting: a benchmark and a new model, Advances in Neural Information Processing Systems 30, pp. 5617-5627, 2017.

35）倉上健，相馬一義，宮本崇，古屋貴彦，馬籠純，石平博：深層学習を用いた降水短期予測における数値気象モデル 出力補正手法の構築，土木学会論文集 G（環境），Vol. 75, No. 5, pp. I 33-I 39, 2019.

36）宮本 崇，Zheng Shitao，阿部 雅人，岩波 越：クープマン作用素論に基づく非線形動的現象のデータ駆動型解析と降水短期予測への適用，土木学会論文集 A2（応用力学），Vol. 76, No. 1, pp. 22-37, 2020.

37）Kratzert, F., Klotz, D., Brenner, C., Schulz, K. and Herrnegger, M.: Rainfall-runoff modelling using long short-term memory (LSTM) networks, Hydrology and Earth System Sciences, Vol. 22(11), pp. 6005-6022, 2018.

38）Abhiram Mullapudi, Branko Kerkez: Autonomous control of urban storm water networks using reinforcement learning, 13'th International Conference on Hydroinformatics, 2018.

39）Mnih, V., Kavukcuoglu, K., Silver, D., Graves, A., Antonoglou, I., Wierstra, D., and Riedmiller, M.: Playing atari with deep reinforcement learning, arXiv preprint arXiv:1312.5602, 2013.

40）Mnih, V., Kavukcuoglu, K., Silver, D., et al.: Human-level control through deep reinforcement learning, Nature, Vol.518, pp. 529-533, 2015.

41）Silver, D., Huang, A., et al: Mastering the game of Go with deep neural networks and tree search, nature, 529(7587), pp. 484-489, 2016.

42）澤谷拓海，一言正之，植西清：下流河川の危険度を考慮した深層強化学習によるダム操作モデルの構築，土木学会論文集 B1（水工学），Vol. 76, No. 2, pp. 817-822, 2020.

43）江戸川区，江戸川区水害ハザードマップ【日本語版】，https://www.city.edogawa.tokyo.jp/documents/519/sassi-ja.pdf（最終閲覧日：2018 年 9 月 4 日）

44）Phillip Isola, Jun-Yan Zhu, Tinghui Zhou, Alexei A. Efros: Image-to-Image Translation with Conditional Adversarial Networks, Proceedings of the IEEE conference on computer vision and pattern recognition, pp. 1125-1134, 2017.

45）国土交通省，水文水質データベース web ページ，http://www1. river.go.jp/（最終閲覧日：2019 年 5 月 20 日）

46）国土交通省，川の防災情報 web ページ，http://www.river.go.jp/kawabou/ipTopGaikyo.do（最終閲覧日：2019 年 5 月 20 日）

47）国土交通省，水文観測データ品質照査要領，http://www1.river.go.jp/hinsitu_syosa.pdf（最終閲覧日：2019 年 5 月 20 日）

5 深層学習を用いた土砂災害警戒区域の抽出

近年，全国的に異常な気象現象が多く発生しており，各地で人的被害を伴う甚大な災害が多発している．2019 年 10 月 12 日に上陸した台風 19 号では，主に関東，東北地方で 962 件の土砂災害が発生し，この台風による死者は 99 名に達した[1)]．2018 年 7 月の豪雨では，全国で 2,512 件の土砂災害が発生し，死者・行方不明者は 200 名を超える平成最悪の豪雨災害[2)]となり社会的にも大きな関心を集めた．こうした状況を踏まえ，国土交通省では，人的被害の防止に向けたソフト対策への取り組みが強化されている．中でも，土砂災害による危害のおそれがある区域（以下，土砂災害警戒区域）の指定は，人的被害の防止に対する効果が大きいため，近年積極的に進められている．土砂災害警戒区域の指定にあたっては，その前段で地形図や現地調査に基づく土砂災害警戒区域の範囲決定などの調査（以下，基礎調査）を行う必要がある．国土交通省では，2019 年度末までに一巡目の基礎調査の完了を目標とし[3)]，それ以降もおおむね 5 年ごとに，変化が認められた地形に対して詳細な調査を行うものとしている[4)]．しかしながら，土砂災害警戒区域は，全国で約 65 万箇所に及ぶと推計されており，今後も継続して基礎調査を行うには，さらに膨大な労力と時間が必要となる．加えて，我が国では 2008 年をピークに総人口が減少傾向にあり，今後の急激な人口減少，少子化・高齢化が進むことが予測されている．そのため，基礎調査のみならず土木業界全体として技術者の育成や確保が困難になると推察される．さらに，近年の厳しい財政状況を鑑みると基礎調査においても作業の効率化が求められ，土砂災害警戒区域の指定や，ハザードマップ作製などの自動化によるコスト削減が求められる．一方で，情報技術の発展に伴い，近年では AI/IoT という言葉に見られるように,機械学習（特に,深層学習）を用いた物体検出や画像変換といった技術がバイオメディカルを始めとする諸分野で高い成果を上げていることが報告されている[5)]．さらに，航空レーザー測量の充実により 5 m メッシュの高精細な数値標高モデル（Digital Elevation Model）など，地形を詳細かつ正確に表現できる情報も国土地理院から提供されている．

以上のような背景を踏まえ，ここでは，基礎調査に関わるコスト縮減と作業の効率化，土砂災害ハザードマップ作製の自動化を目標とした深層学習の応用例を紹介する．具体的には，土砂災害（がけ崩れ，地滑り，土石流）の中でも地形への依存度が高いと言われている土石流を対象とし，その発生地点の特定に必要な基礎調査に関わるコスト縮減と作業の効率化を目的としたものである．発生地点の特定には，物体検出や画像処理の分野で高い成果が報告されている深層学習の手法を用いて，地形情報から土石流発生地点を特定し，特定した土石流発生地点から土砂災害警戒区域（土石流）を自動的に抽出した．これら一連の流れに沿って，学習データの作成方法，深層学習による学習モデル，再現率による学習結果および汎化能力の評価結果について紹介する．

5.1 使用するデータ

この応用例では，土石流発生地点と土砂災害警戒区域を出力するために，2 種類の情報（数値標高モデル，土石流発生地点）を用いた．位置を重ね合わせるようデータを整理して，広島県全域の 153 地域の数値標高モデルと土石流発生地点の対応するデータを収集・整理した．

5.1.1 数値標高モデル

土石流発生地点を予測するモデルに与える地形データとして，国土地理院から提供されている数値標高モデル[6]を用いた．図 5.1 に数値標高モデルを 256 階調のグラデーション表示した地形データの例を示す．数値標高モデルとは地表面を等間隔の正方形メッシュに区切り，航空機の位置座標と航空機からのレーザの反射時間を計測し，それぞれのメッシュに中心点の標高値をもたせることで地形を表現するデータ形式である．実際に使用したデータは広島県全域の 153 地域における 5 m メッシュの数値標高モデルである．それぞれの地域のデータは，縦 828 × 横 986 のメッシュで構成されており，各メッシュに標高が情報として与えられている．

図 5.1　数値標高モデル（256 階調表示）

5.1.2 土石流発生地点と警戒区域

広島県の153地域に対応する土石流発生地点は，土砂災害ポータルひろしま[7]から入手した．このポータルサイトには土石流，急傾斜地，地すべりに対する特別警戒区域や警戒区域などの情報がまとめられている．図5.2はこのポータルサイトから土石流の特別警戒区域と警戒区域のみ地形図上に表示した例である．この特別警戒区域の最も上流側を土石流発生地点として抽出した．図5.3は抽出した土石流発生地点と数値標高モデルを重ね合わせた例であり，153地域で指定されていた土石流発生地点は9,203箇所となった．これらの準備したすべての土石流発生地点データと数値標高データから，無作為に約7割（110地域）のデータを選択して学習用データとし，残りの43地域を評価用データとした．

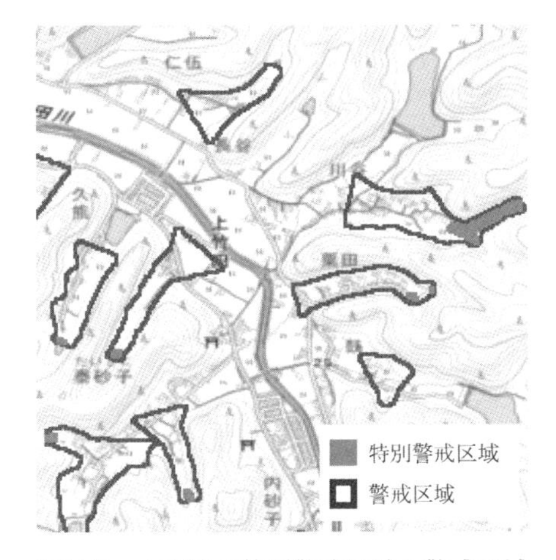

図5.2　土石流の特別警戒区域と警戒区域

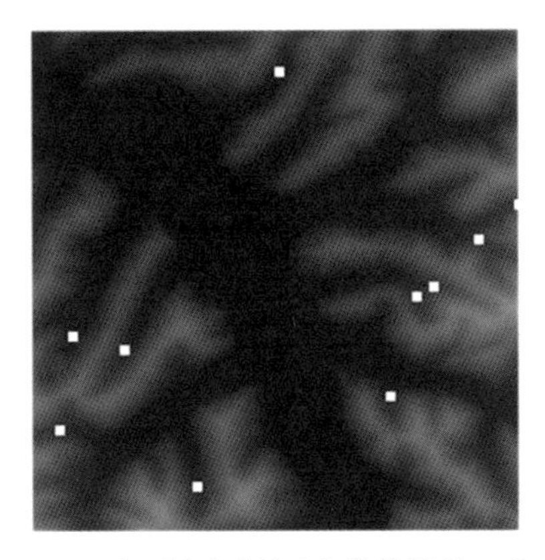

図5.3　土石流発生地点と数値標高モデル

5.1.3　広島県以外のデータ

広島県の153地域に対する2種類のデータ（数値標高モデルと土石流発生地点）から選択した110地域のデータで学習したモデルの汎化能力を検証するため，広島県以外の5地域（北海道，栃木，兵庫，愛媛，鹿児島）における数値標高モデルと土石流発生地点のデータを収集した．土石流発生地点については，国土交通省のハザードマップポータルサイト[8)]の土砂災害・土石流から収集した．収集したデータは，縦1500×横2250のメッシュで構成されており，このメッシュサイズに合わせて数値標高モデルも編集した．

5.2　機械学習モデル

ここでの応用例を数値標高モデルから土石流発生地点を出力するImage to Image Translation問題ととらえ，画像のセグメンテーションのためによく用いられている教師あり学習であるU-Netを用いて学習モデルを構築した．

5.2.1　セグメンテーション

セグメンテーションとは，入力された画像内に存在するある一定の意味をもつ画像のメッシュを，その他の領域から区別して特定するタスクのことである．画像内に存在している物体の特定やある物体の有無について検出する物体認識タスクに対して，検出したい対象が含まれる領域をメッシュ単位で特定して画像内の位置に重要な意味をもたせるため，位置情報が獲得できるモデルを用いる必要がある．セグメンテーションでは一般的に，イメージセンサなどで得られた入力画像に対して，メッシュの領域にラベル付けした画像を教師データとして作成し，様々な機械学習手法によってその対応を学習させている[9)]．この応用例で目標としている数値標高モデルから土石流発生地点を特定するタスクは，数値標高モデルと土石流発生地点を対応させたデータセットを整理することで，教師データの作成を行い，セグメンテーションのための方法論を適用することを可能とした．

5.2.2　U-net

U-Netは，2015年にRonnebergerらによって発表された，画像のセグメンテーションを目的とした畳み込みニューラルネットワークアーキテクチャである．入出力層間に対称的なショートカット構造をもっており，画像内の位置の特定が正確に行えるという特徴をもつ．さらに誤差逆伝搬においてもショートカットにより勾配消失問題が解消されている．その特性から，顕微鏡画像から細胞の部位を特定するようなバイオメディカルの分野の検出問題に対してその有用性が確認されている[10]．数値標高モデルから土石流発生地点を特定するタスクは領域内のセグメンテーション問題として定式化できるため，この応用例では，このアーキテクチャを用いたアプローチが同タスクに有用であるという仮説に基づき実験を行うとともに結果を検証した．参考文献10）で提案されたU-Netを参考にショートカット構造をもつニューラルネットワークを，区画サイズごとにモデルとして構築した．64×64の区画サイズに分割したものを学習データとした場合の学習モデルを図5.4に示す．入力層のチャンネル数は1チャンネルであり，入出力（学習）データは数値標高モデルと土石流発生地点の対応するデータである．出力データはモデルによって特定された土石流発生地点である．正規化処理が土石流発生地点の特徴的な勾配の獲得において好ましくない影響を与えることが想定されたため，入力層において学習データに対する比率を変更するような処理は行わないこととした．学習には勾配降下法による誤差逆伝搬学習のAdamアルゴリズムを用いた[11]．目的関数にはDice係数の逆数を用いた[12]．Dice係数は2つの集合間の類似度を測定する評価指標であり，式（5-1）で求められる．

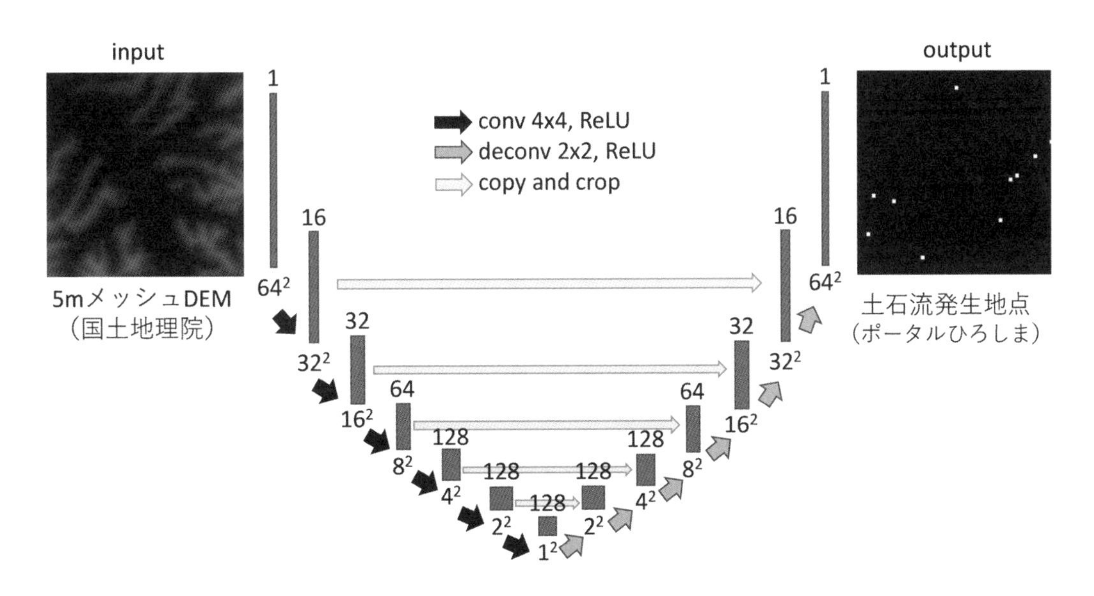

図5.4　ショートカット構造をもつ学習モデル（64 × 64の区画サイズの例）

$$y = \frac{2\left|Y_{\mathrm{true}} \cap Y_{\mathrm{pred}}\right|}{\left|Y_{\mathrm{true}}\right| + \left|Y_{\mathrm{pred}}\right|} \tag{5-1}$$

ここで，Y_{true} はハザードマップで指定済の土石流発生地点，Y_{pred} は学習モデルによって特定された土石流発生地点を表し，$\left|Y_{\mathrm{true}}\right|$ は集合 Y_{true} の要素数を指す．式（5-1）で求

められた Dice 係数は 0 から 1 を値域とし，1 に近づくほど 2 つの集合は類似していることを表す．

5.2.3　U-Net の応用例

U-Net は，医療分野における CT 画像や拡大鏡画像などから微小な異常を検出するために提案されたモデルであり，画像セグメンテーションにおいては優れた能力を発揮することが示されている．その後，高解像度リモートセンシング画像や航空写真などから様々な対象（道路，建物，災害など）を検出する分野でも応用例が見られるようになってきた．

以下では，U-Net を基本としたネットワークモデルを様々な画像を対象に適用した国内外での応用例の一部を取り上げ，その概要を述べる．

生物医学分野における画像処理では，各画素に対してラベルを割り当てる位置特定が必要とされる．しかし，位置特定のためには非常に多くの学習データが必要であり，十分なデータを準備することが課題とされてきた．Ciresan ら[13]は，スライドウィンドウを設定することで，その画素周辺の局所領域を入力として与え各画素のラベルを予測する方法を提案した．しかし，この方法では学習に多くの時間がかかり，特定した位置の正確性にも課題が残された．そこで Ronneberger ら[10]は，より少ない学習データで正確なセグメンテーションが得られる完全畳み込みネットワーク（U-Net）を提案した．このモデルでは，細胞のセグメンテーションにおいて同じラベルのオブジェクトを分離する必要があり，これに対しては損失関数に重みを考慮する方法を提案した．ISBI cell tracking challenge 2015 の光顕微鏡画像から細胞をセグメンテーションする課題における特定領域の一致率（IOU）による評価では，phC-U373 データセットでは 92.0 %，DIC-Hela データセットでは 77.5 % の一致率を得ることができ，他のモデルより 10 % 程度も優れていることを示している．

医療分野では，患者の CT 画像から脊椎の 3D メッシュモデルを作成する際に，CT 画像 1 枚 1 枚から脊椎部分のみを手作業で切り出しており，多大な時間と労力を費やしているのが現状である．そこで鎌田ら[12]は，医療分野における CT 画像から脊椎部分を自動的に抽出するために U-Net の適用を試みている．具体的には，SpineWeb (http://spineweb.digitalimaginggroup.ca/) が提供している 10 本分の脊椎を CT スキャンした画像を学習用・評価用データとして用いた．これらの画像データは，それぞれの脊椎に対して，512 × 512 pixel サイズで 500 ～ 600 枚程度のデータが準備されている．脊椎 10 本分のデータのうち，5 本分（2852 枚）を学習データとして用い，残り 5 本分を評価用データとして用いた．脊椎の抽出実験の結果，学習データに対しては 98.5 %，評価用データに対しては 82.7 % の一致率を得ることができ，かなり高い精度で抽出できることを示している．さらに抽出した脊椎は，医療画像の可視化・解析ツールの 1 つである 3D Slicer（https://www.slicer.org/）を用いて，脊椎の 3D メッシュモデルの構築可能性について目視で確認している．

黒色腫による推定死亡数は多く，正確な診断が求められている．その中で，皮膚の目視による健康診断は，皮膚の病変と正常組織の類似性により不正確になる可能性がある．偏向により皮膚損傷の拡大画像が撮影できるダーモスコピーが開発され，目視検査より診断精度は向上しているものの，拡大画像によるスクリーニングは依然と複雑であり時間もかかっているのが現状である．そこで Al-masni ら [14)]は，ダーモスコピーで撮影した高解像度画像に基づく正確な診断を目的とした畳み込みネットワーク（FrCN；Full Resolution Convolutional Networks）という新たな深層学習モデルを提案して，2 つの公開されているデータセット（ISBI2017，PH2）を用いて評価を実施した．評価実験を通して，提案モデル（FrCN）は高解像度画像の各ピクセルに対して完全な空間分解能を生成することができることが示されている．また，深層学習モデルとしてよく利用されている FCN，U-Net，SegNet による正解率（Accuracy）はいずれも 93 % 程度で 94 % を超えることができなかったが，提案モデルでは 94 % を超える正解率が得られ，提案モデルの優位性も示している．

道路の抽出など画像セグメンテーション技術は，都市計画や地理情報の更新などの分野において注目を集めている．高解像度リモートセンシング画像からの道路抽出は，画像の背景の複雑さに加えてノイズやオクルージョンなどにより，非常に難しい課題とされ，様々な方法が提案されてきた．近年では，深層学習によりその精度が向上することが示唆されてきたものの，勾配消失や勾配爆発などの問題によって学習することが困難であることが言われている．そこで Zhang ら [15)]は，深層残差学習と U-Net の双方の強みを組合せた深層残差 U-Net（Deep Residual U-Net；ResUnet）を提案した．ResUnet は，U-Net をベースとした手法で，残差学習を取り入れることによって，単純なニューラルユニットの代わりに残差ユニットを利用し，トリミング操作が不要となり，よりよい性能が得られる．具体的なデータセットによる評価では，再現率と適合率の総合評価で，U-Net が 90.5 % となったのに比べ，ResUnet は 91.9 % となり，わずかに性能が向上したことが示されている．

大規模災害の発生時における広域情報の迅速かつ正確な把握のため，リモートセンシング技術および深層学習モデル（U-Net）を適用する手法が注目を集めている．しかし，U-Net では全結合層の構造上，入力サイズが固定されてしまうという点や，プーリングの繰り返しにより位置情報が失われるという問題がある．そこで吉原ら[16)]は，これらの問題を解決するために，全層畳み込みエンコーダ・デコーダ型モデルを構築し，衛星画像に対して多クラスセグメンテーションを行う手法を提案した．提案手法を衛星画像に適用することで被災地域の識別した結果，U-Net では施設と道路に対する F 値の値が 0.76，0.82 となったのに対して，提案手法では 0.89，0.86 となり，提案手法により被覆分類精度が向上していることを示している．

牡蠣の生育は，洗浄度，プランクトン，気象，海水温など様々な要因に影響を受けており，センサを用いて水温や水質などのデータを収集して牡蠣の生育を予測する研究が多く行われている．そこで梁ら[17)]は，これらの既存研究とは異なり，牡蠣の撮影画像を用いて生育を予測することを試みた．まず，画像データがない中で，データセットを作成することから始め，学習に利用するデータ数を増やすための Data Augmentation（画像の移動，回転，拡大，縮小によりデータ数字を水増しする方法）という方法を用いることで，精度が大幅に向上することが示されている．さらに，セマンティックセグメンテーションとして紹介されている，U-Net，SegNet，PSPNet を用いて学習（訓練データ数を 10 枚から 300 枚まで変更）して，その精度を比較したところ，PSPNet のみが 300 枚の画像を訓練データ用いたときに 90 % 以上の正解率（Accuracy）を達成することができたことを示している．

半導体デバイスは高集積化・多機能化に伴い微細化が進み，製造プロセスおよび装置の開発や量産など，すべての局面において高度な計測・欠陥検査技術必要不可欠である．計測装置としては，走査電子顕微鏡（SEM）が広く用いられているが，デバイスの微細化や SEM 画像における雑音などから微小な欠陥を計測するためには，計測するハードウェアのみならず，欠陥を診断するソフトウェアの改善が必要とされる．そこで御堂ら[18)]は，深層学習モデルの 1 つとして紹介されている U-Net において，プーリング層を用いず 3 層の畳み込みニューラルネットワーク（CNN）を用いて高画質化する方法を紹介している．また，異常検知においては，すべての異常を網羅するデータセットを構築することが困難であることから，正常データを学習しておき，そこからの逸脱の程度が大きい場合を異常と判断する方法が一般的にとられている．これを実現するための深層学習の応用例として，オートエンコーダと GAN（Generative Adversarial Networks）を用いた方法が紹介されている．

膵臓はやわらかく変形しやすい臓器であり，様々な形に変形した膵臓を 3 次元 CT 画像から正確の抽出することは非常に困難とされている．そこで Man ら[19)]は，環境適合型の深層強化学習（DRL；Deep Reinforcement Learning）に基づいた異方性の形状を意識した膵臓の抽出手法を提案した．この方法により膵臓に関しては高い精度で抽出可能なDQN（Deep Q Network）を学習することができた．さらに，DRLによって抽出した膵臓部分の画像をもとに，U-Netを用いて，非常に柔らかい膵臓などの変形にも対応した，ロバストで正確な膵臓のセグメンテーション方法を提案した．提案手法は膵臓の様々な変形にも対応した方法である．具体的に82枚のCT画像による再現率による評価では，2013年に登場したRCNN（Region Convolutional Neural Network）では75％程度となり，DRLを取り入れた提案手法では85%程度となり，10%程度の精度向上が示されている．

現在のX線動画撮影装置では不鋭の含まれた動画像に対して，体動補正型リアルタイムピクセルシフト処理や体動補正型テンポラルノイズ提言処理，空間ノイズ低減処理などを複合的に組み合わせた画像処理が行われているものも存在している．しかし，これらの技術でも右冠動脈のように心拍動の大きい急速流入期において大きく高速に移動する被写体をブレがないように抽出することは困難である．そこで長谷川ら[20]は，冠動脈の動きによる不鋭をU-Netを用いて提言する方法を提案し標準偏差によるノイズの評価とMTF（Modulation Transfer Function）による不鋭の低減程度の評価を行った．標準偏差によるノイズの評価では，どの撮影条件でも入力画像に対して標準偏差の平均が大幅に減少して，ノイズが低減されたことが示されている．また，MTFによる不鋭の評価では，すべての撮影条件で撮影した入力画像の処理後においてMTFが向上しており，動きによる不鋭が大幅に低減できたことが示されている．

高解像度航空写真からの建物検出は，都市計画やナビゲーションなど，様々な分野において重要な課題とされており，近年では，U-Netを中心とした様々な深層学習モデルの適用が試みられている．そこでErdemら[21]は，U-netのエンコーダ部分を修正した，VGG16（2014年に提案された画像を1000クラスに分類するためのモデル），InceptionResNetV2（畳み込みパラメータを削減しネットワークの深さや幅を大きくするモデル），DenseNet121（タスクのオーバーヒットが軽減できるより深いネットワークの学習に役立つモデル）の3つのモデルに加えて，3種類のモデルの多数決によって結果を決める方法を提案し，これら4つのネットワークモデルで建物検出を実施した際の性能を比較評価した．具体的にはInria Aerial Image Labeling Dataset（2715枚の高解像度航空写真）を用いた建物検出タスクのF値（適合率と再現率の調和平均）による評価を実施した．データセットの80%を学習用に用い残りの20%のデータで評価したところ，VGG16，InceptionResNetV2，DenseNet121，多数決，それぞれのモデルでのF値の値が0.87，0.86，0.86，0.88となり，ほぼ同等の性能が得られ，3種類の代表的なモデルの結果の多数決で結果を出力することにより，わずかではあるが性能が向上することを示している．

5.2.4　U-Net の Python による実装例

ここでは，kaggle のサイトで公開されているデータセット[22]を利用して，写真画像から人物を抽出するセグメンテーション問題を解決することを目的とした，U-Net を用いたネットワークモデルの Python による実装例を示す．図 5.5 は，このセグメンテーション問題の流れを簡単に示したものである．データセットは 550 × 825 の画像サイズで提供されており，この画像を 256 × 256 のサイズにリサイズしたものを教師画像とした．これらのリサイズした教師画像を入出力とした一般的な U-Net のネットワークモデルを参考として，Intel 製 CPU I5-9600K，Windows 11.21H2，Nvidia GTX 1080TI，Python 3.8，torch 1.11.0，torchvision 0.12.0 を用いて実装した．

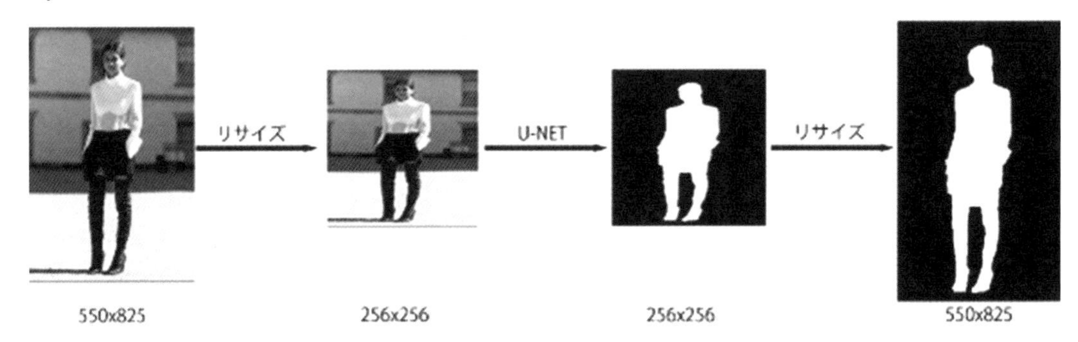

図 5.5　写真画像から人物を抽出する実装例の概要

(1)　U-Net によるモデル構築の記述例

以下に，U-Net を用いたネットワークモデルを実装したクラス（UNET）の記述例を示す．ファイル名は model.py とし，このファイルに記述されている U-Net によるネットワークモデルを用いて「(2)メイン関数の記述例」で説明する main 関数で学習が可能となる．

```
import torch
import torch.nn as nn
import torchvision.transforms.functional as TF
```

畳み込み層の構築
torch ライブラリの nn クラスを用いて畳み込み層を構築
・入力 RGB 画像が 3 次元，出力画像が 1 次元，step を 1，bias を FALSE に設定
nn.ReLU で活性化関数 ReLU 関数を適用

```
class DoubleConv(nn.Module):
    def __init__(self, in_channels, out_channels):

        super(DoubleConv, self).__init__()
        self.conv = nn.Sequential(
            nn.Conv2d(in_channels, out_channels, 3, 1, 1, bias=False),
            nn.BatchNorm2d(out_channels),
            nn.ReLU(inplace=True),

            nn.Conv2d(out_channels, out_channels, 3, 1, 1, bias=False),
            nn.BatchNorm2d(out_channels),
            nn.ReLU(inplace=True),
        )

    def forward(self, x):
        return self.conv(x)
```

U-NET のエンコードとデコードの構築

nn.Module を引数として torch.nn クラスから継承
nn.ModuleList でエンコードとデコードの準備
nn.MaxPool2d でプーリングを実施
畳み込み層（DoubleConv）を用いてエンコードの構築（# Encode part of UNET）
畳み込み層（DoubleConv）を用いてデコードの構築（# Decode part of UNET）
・kernel size を 2，stride を 2 に設定
forward 関数において，実画像のエンコードとデコードによる学習
return で畳み込みの構造の学習結果（self.final_conv(x)）を返す

```
class UNET(nn.Module):
    def __init__(self, in_channels=3, out_channels=1, features=[64, 128, 256, 512],):
        super(UNET, self).__init__()
        self.enc = nn.ModuleList()
        self.dec = nn.ModuleList()
        self.pool = nn.MaxPool2d(kernel_size=2, stride=2)

        # Encode part of UNET
        for feature in features:
            self.enc.append(DoubleConv(in_channels, feature))
            in_channels = feature

        # Decode part of UNET
        for feature in reversed(features):
            self.ups.append(
                nn.ConvTranspose2d(feature * 2, feature, kernel_size=2, stride=2,)
            )
            self.ups.append(DoubleConv(feature * 2, feature))

        self.bottleneck = DoubleConv(features[-1], features[-1] * 2)
        self.final_conv = nn.Conv2d(features[0], out_channels, kernel_size=1)

    def forward(self, x):
```

```
        skip_connections = []

        # Learning by Encode part of UNET
        for encode in self.enc:
            x = encode(x)
            skip_connections.append(x)
            x = self.pool(x)

        x = self.bottleneck(x)
        skip_connections = skip_connections[::-1]

        # Learning by Decode part of UNET
        for idx in range(0, len(self.dec), 2):
            x = self.dec[idx](x)
            skip_connection = skip_connections[idx // 2]

            if x.shape != skip_connection.shape:
                x = TF.resize(x, size=skip_connection.shape[2:])

            concat_skip = torch.cat((skip_connection, x), dim=1)
            x = self.dec[idx + 1](concat_skip)

        return self.final_conv(x)
```

(2)　メイン関数の記述例

以下に, U-Netクラスをインポートし, 前処理や学習などを行う関数(train_fn), および, これら関数を呼び出し, 写真画像から人物を抽出するセグメンテーション問題を解決するためのメイン関数（main）の記述例を示す．ファイル名を train.py とし，この train.py を動作させるには, train.py が保存されているフォルダ内に model.py ファイル, および, train_images フォルダ, train_masks フォルダ（訓練用データを保存するフォルダ）と val_images フォルダ, val_masks フォルダ（評価用データを保存するフォルダ）を配置しておく必要がある．さらに, 訓練用の train_images フォルダと train_masks フォルダ, および, 評価用の val_images フォルダと val_masks フォルダ内には, 最初に紹介したデータセットの実画像ファイル（img_image number）とマスク画像ファイル（seg_image number）を訓練用と評価用に分類して，それぞれ保存しておく必要がある．

```
import torch
import albumentations as A
from albumentations.pytorch import ToTensorV2
from tqdm import tqdm
import torch.nn as nn
import torch.optim as optim
```

```
from model import UNET
from utils import (
    save_checkpoint,
    load_checkpoint,
    get_loaders,
    check_accuracy,
    save_predictions_as_imgs,
)
```

パラメータの設定
LEARNING_RATE で学習率を 0.0001 に設定する
DEVICE で使うデバイスを指定する (GPU の CUDA，ない場合 CPU を使う)
NUM_EPOCHS，NUM_WORKERS でバッチサイズを 16，Epoch を 20 で設定
550 × 825 の元画像を IMAGE_WIDTH × IMAGE_HEIGHT にリサイズする
*_*_DIR でそれぞれのデータファイルの Path を指定する

```
LEARNING_RATE = 1e-4
DEVICE = "cuda" if torch.cuda.is_available() else "cpu"
BATCH_SIZE = 16
NUM_EPOCHS = 20
NUM_WORKERS = 2
IMAGE_WIDTH = 256
IMAGE_HEIGHT = 256
PIN_MEMORY = True
LOAD_MODEL = False
TRAIN_IMG_DIR = "data/train_images/"
TRAIN_MASK_DIR = "data/train_masks/"
VAL_IMG_DIR = "data/val_images/"
VAL_MASK_DIR = "data/val_masks/"
```

train_fn 関数で学習モデルを定義
tqdm ライブラリで学習過程を可視化する
data.to() で torch ライブラリが処理可能なデータに変換する
targets.float() で読み込んだデータを FLOAT に変換する

```
def train_fn(loader, model, optimizer, loss_fn, scaler):
    loop = tqdm(loader)
    for batch_idx, (data, targets) in enumerate(loop):
        data = data.to(device=DEVICE)
        targets = targets.float().unsqueeze(1).to(device=DEVICE)
```

ニューラルネットワークの順伝播を定義（# forward）
torch.cuda.amp.autocast() で混合精度学習を実装し学習プロセスの高速化
予測を行い，loss_fn で損失値を算出
ニューラルネットワークの逆伝播を定義（# backward）
学習結果 scaler を scaler.update() で更新する
loop.set_postfix() で損失値を更新する

```
        # forward
        with torch.cuda.amp.autocast():
            predictions = model(data)
```

```
            loss = loss_fn(predictions, targets)

        # backward
        optimizer.zero_grad()
        scaler.scale(loss).backward()
        scaler.step(optimizer)
        scaler.update()

        loop.set_postfix(loss=loss.item())
```

メイン関数の定義
albumentations ライブラリを A としてインポートして，訓練用データの水増しを行う
A.Compose() で訓練用データの前処理や水増し方法を定義
・A.Resize() で画像をリサイズする
・A.Rotate() で画像を回転させる
・A.HorizontalFlip() で画像を水平移動させる
・A.VerticalFlip() で画像を垂直反転させる
・A.Normalize() で画像を正規化させる
・ToTensorV2() でリサイズ・水増し・正規化した訓練用データをテンソル化する

```
def main():
    train_transform = A.Compose(
        [
            A.Resize(height=IMAGE_HEIGHT, width=IMAGE_WIDTH),
            A.Rotate(limit=35, p=1.0),
            A.HorizontalFlip(p=0.5),
            A.VerticalFlip(p=0.1),
            A.Normalize(
                mean=[0.0, 0.0, 0.0],std=[1.0, 1.0, 1.0],max_pixel_value=255.0,
            ),
            ToTensorV2(),
        ],
    )

    val_transforms = A.Compose(
        [
            A.Resize(height=IMAGE_HEIGHT, width=IMAGE_WIDTH),
            A.Normalize(
                mean=[0.0, 0.0, 0.0],std=[1.0, 1.0, 1.0],max_pixel_value=255.0,
            ),
            ToTensorV2(),
        ],
    )
```

(1)で構築した UNET を用いてモデルを生成
loss_fn() で，交差エントロピー損失関数を計算
torch ライブラリの optim.Adam で，最適化を実施
訓練用データを読み込むため，train_loader と val_loader を定義

```
    model = UNET(in_channels=3, out_channels=1).to(DEVICE)
    loss_fn = nn.BCEWithLogitsLoss()
```

```
optimizer = optim.Adam(model.parameters(), lr=LEARNING_RATE)

train_loader, val_loader = get_loaders(
    TRAIN_IMG_DIR,TRAIN_MASK_DIR,VAL_IMG_DIR,VAL_MASK_DIR,
    BATCH_SIZE,train_transform,val_transforms,
    NUM_WORKERS,PIN_MEMORY,
)
```

torch.load を用いて，訓練したモデルを使って予測する
check_accuracy() で精度を計算する
torch.cuda.amp.GradScaler() で勾配を計算する

```
if LOAD_MODEL:
    load_checkpoint(torch.load("my_checkpoint.pth.tar"), model)

check_accuracy(val_loader, model, device=DEVICE)
scaler = torch.cuda.amp.GradScaler()
```

for 文により，学習を epoch 数だけ繰り返す
train_fn を用いて，訓練を実施
save_checkpoin を用いて，訓練結果を保存
check_accuracy を用いて，精度の計算
save_predictions_as_imgs を用いて，評価用画像から人物のマスク画像を生成して保存

```
for epoch in range(NUM_EPOCHS):
    train_fn(train_loader, model, optimizer, loss_fn, scaler)

    checkpoint = {
        "state_dict": model.state_dict(),
        "optimizer":optimizer.state_dict(),
    }
    save_checkpoint(checkpoint)

    check_accuracy(val_loader, model, device=DEVICE)

    save_predictions_as_imgs(
        val_loader, model, folder="saved_images/", device=DEVICE
    )

if __name__ == "__main__":
    main()
```

(3)　画像読み込みのためのクラスの記述例

以下に，データセットから画像を読み込むためのクラス（ImgDataset）の記述例を示す．ファイル名を dataset.py とした．このクラスは，データセットから画像を読み込む関数（__int__），データ数を返す関数（__len__），画像の読み込み方法を設定する関数（__getitem__）の 3 つの関数（メソッド）からなる．

```
import os
from PIL import Image
from torch.utils.data import Dataset
import numpy as np

class ImgDataset(Dataset):
```

画像読み込む関数の定義
image_dir で訓練用データ（元画像）の Path を定義
mask_dir で訓練用データ（マスク画像）の Path を定義
transform でリサイズ・水増し・正規化したデータの変数を定義
os.listdir() を用いて指定した Path 内のファイルを読み込む

```
    def __init__(self, image_dir, mask_dir, transform=None):
        self.image_dir = image_dir
        self.mask_dir = mask_dir
        self.transform = transform
        self.images = os.listdir(image_dir)
```

フォルダ内の画像数を返す関数の定義
return で指定した Path のフォルダ内の画像数を返す

```
    def __len__(self):
        return len(self.images)
```

画像の読み込み方法を設定する関数の定義
img_path() で訓練用データ（元画像）の Path を読み込む
mask_path() で訓練用データ（マスク画像）の Path を読み込む
numpy ライブラリと PIL ライブラリの Image.open.convert(“RGB/L”) を用いて，
・訓練用データ（元画像）の RGB 画像をベクトル image に変換する
・訓練用データ（マスク画像）のグレースケール画像をベクトル mask に変換する
訓練用データ（マスク画像）の白の部分 255 を，計算のために 1.0 に変換する
変換すべきデータが None でない場合，読み込んだデータを水増しして変換する

```
    def __getitem__(self, index):
        img_path = os.path.join(self.image_dir, self.images[index])
        mask_path = os.path.join(self.mask_dir, self.images[index].replace("img_", "seg_"))
        image = np.array(Image.open(img_path).convert("RGB"))
        mask = np.array(Image.open(mask_path).convert("L"), dtype=np.float32)
        mask[mask == 255.0] = 1.0

        if self.transform is not None:
        augmentations = self.transform(image=image, mask=mask)
        image = augmentations["image"]
        mask = augmentations["mask"]

        return image, mask
```

(4) 画像データのバッチ処理等を行う関数の記述例

以下に，読み込んだ画像のバッチ処理や訓練の進展を可視化するための関数の記述例[23]を示す．ファイル名を utils.py とした．

```
import torch
import torchvision
from dataset import ImgDataset
from torch.utils.data import DataLoader
```

訓練したモデルを保存する関数の定義
torch.save() で訓練したモデルを filename という名前のファイルで保存する

```
def save_checkpoint(state, filename="my_checkpoint.pth.tar"):
    print("=> Saving checkpoint")
    torch.save(state, filename)
```

訓練したモデルを読み込む関数の定義
model.load_state_dict() で訓練したモデルを読み込む

```
def load_checkpoint(checkpoint, model):
    print("=> Loading checkpoint")
    model.load_state_dict(checkpoint["state_dict"])
```

画像データを読み込む関数の定義
(3)で定義した ImgDataset クラスと torch ライブラリの DataLoader 関数を用いて，
・train_ds で Path を指定して，train_loader で訓練用データを読み込む
・val_ds で Path を指定して，val_loader で評価用データを読み込む
return で読み込んだ画像データ train_loader，val_loader を返す

```
def get_loaders(
    train_dir,train_maskdir,val_dir,val_maskdir,
    batch_size,train_transform,val_transform,
    num_workers=4,pin_memory=True,
):
    train_ds = ImgDataset(
        image_dir=train_dir,mask_dir=train_maskdir,transform=train_transform,
    )
    train_loader = DataLoader(
        train_ds,batch_size=batch_size,num_workers=num_workers,
        pin_memory=pin_memory,shuffle=True,
    )

    val_ds = ImgDataset(
        image_dir=val_dir,mask_dir=val_maskdir,transform=val_transform,
    )
    val_loader = DataLoader(
        val_ds,batch_size=batch_size,num_workers=num_workers,
        pin_memory=pin_memory,shuffle=False,
    )
```

```
    return train_loader, val_loader
```

精度を計算する関数の定義
num_correc で，正解マスク画像と抽出した部分が一致している画素数を求める
num_pixels で，学習モデルで抽出した部分の画素数を求める
dice_score で，抽出結果の評価指標（ダイス係数）を算出する
正確率（num_correc/num_pixels）を算出して出力する

```
def check_accuracy(loader, model, device="cuda"):
    num_correct = 0
    num_pixels = 0
    dice_score = 0
    model.eval()

    with torch.no_grad():
        for x, y in loader:
            x = x.to(device)
            y = y.to(device).unsqueeze(1)
            preds = torch.sigmoid(model(x))
            preds = (preds > 0.5).float()
            num_correct += (preds == y).sum()
            num_pixels += torch.numel(preds)
            dice_score += (2 * (preds * y).sum()) / (
                (preds + y).sum() + 1e-8
            )
    print(
        f"Got {num_correct}/{num_pixels} with acc {num_correct/num_pixels*100:.2f}"
    )
    print(f"Dice score: {dice_score/len(loader)}")
    model.train()
```

マスク画像を生成する関数の定義
学習モデルで評価用画像から人物のマスク画像データ preds を生成
torchvision.utils.save_image を用いて，抽出した人物のマスク画像を生成して保存

```
def save_predictions_as_imgs(
    loader, model, folder="saved_images/", device="cuda"
):
    model.eval()
    for idx, (x, y) in enumerate(loader):
        x = x.to(device=device)
        with torch.no_grad():
            preds = torch.sigmoid(model(x))
            preds = (preds > 0.5).float()
        torchvision.utils.save_image(preds,f"{folder}/pred_{idx}.png")
        torchvision.utils.save_image(y.unsqueeze(1),f"{folder}{idx}.png")

    model.train()
```

5.3 評価指標

教師あり学習で得られたモデルを評価するために利用した3つの指標を紹介する．

5.3.1　メッシュ単位の評価指標（Dice係数，再現率）

メッシュ単位の評価指標は，土石流発生地点のメッシュをピンポイントで捉えることができているか否かを表す指標である．データセットにおける各メッシュの推定値と教師データを比較し，そのDice係数と再現率で評価した．これらの数値はピンポイントでの一致を表す指標であり，谷の大きさや広さなどの広域的な地形に関する情報は評価値として考慮されない．

Dice係数は学習モデルの目的関数としても使用しており，式（5-1）で表される．注意するべきことに，Dice係数は2つの集合に含まれる要素数が大きく異なる場合，低い値となる．教師データにおいて土石流発生地点として指定されていない場所に，土石流発生地点が余分に推定された場合，Dice係数の値を引き下げることになる．

メッシュ単位の再現率は，指定済の土石流発生地点の分割データセットにおいて，土石流発生地点として推定された2近傍のメッシュのうち，モデルによって推定された土石流発生地点が重複する割合を示すものである．メッシュ単位の再現率は，

$$y = \frac{\left|Y_{\mathrm{true}} \cap Y_{\mathrm{pred}}\right|}{\left|Y_{\mathrm{true}}\right|} \qquad (5\text{-}2)$$

によって計算できる．式（5-2）で求められたメッシュ単位の再現率は0から1を値域とし，この値が1に近づくほど，指定済の土石流発生地点が推定した土石流発生地点に反映されていることを表している．

5.3.2　近傍再現率

近傍再現率は，土石流発生地点のメッシュをピンポイントで言い当てることができなかったものの，指定済みの土石流発生地点の近くに発生地点を特定することができたことを表す指標である．この評価手法では，既に指定されている土石流発生地点の近傍を調査し，近傍領域内にモデルによる特定地点が含まれていれば，その土石流発生地点が再現できていると判断することで再現率を求める．このようにして求められた再現率は0から1を値域とし，この値が1に近づくほど，指定済の土石流発生地点の近く（同じ渓流内）にモデルによる推定地点が存在していることを示している．以下，このように求めた指標を近傍再現率と呼ぶ．指定済の土石流発生地点から斜め方向への近傍メッシュまでの

距離を考えると，近傍の場合 メートルとなる．この応用例では，指定済の土石流発生地点の0近傍から10近傍（約70 m）までを調査し，特定した土石流発生地点が指定済の地点の近くに含まれる割合を算出した．このうち1つの目安となる距離を，指定済の土石流発生地点の近傍3近傍（約21 m）以内に特定した地点が含まれる場合の再現率の値に注目することとした．近傍をあまり遠くまで考えると，複雑な地形で隣の渓流までの距離が近い場合，指定済の土石流発生地点の属する渓流とは異なる渓流に特定された地点が含まれる可能性がある．

5.3.3　土砂災害警戒区域再現率

土砂災害警戒区域再現率は，土石流発生地点のみを考慮するのではなく，土石流が流下していく可能性のある区域が再現できているかを表す指標である．この評価指標では，土砂災害警戒区域は土石流発生地点からの勾配によってほぼ機械的に定まるため，渓流内での上下流方向への特定位置の誤差は，最も上流側の土石流発生地点からの流下範囲を求めることで無視することができる．土砂災害警戒区域は，図5.6に示す通り，指定済および特定した土石流発生地点から，DEMのデータをもとに，危害のおそれのある土地の末端として定められている地盤勾配2度を基準に算出した．具体的には，特定した土石流発生地点をキューに追加し，そこから近傍のメッシュとの勾配を計算し，地盤勾配2度以上となっている下流のメッシュをまたキューに追加する．これを再帰的に繰り返すことで土砂災害警戒区域を求めた．この再帰的な計算により，指定済の土石流発生地点から算出した土砂災害警戒区域と，モデルによって特定された土石流発生地点から算出された土砂災害警戒区域とを重ねることで，土砂災害警戒区域再現率を求めた．このようにして求められた再現率は0から1を値域とし，指定済の土石流発生地点と同じ渓流内に発生地点を特定することができていれば，土砂災害警戒区域はほぼ同じ範囲となり，1に近い値となる．

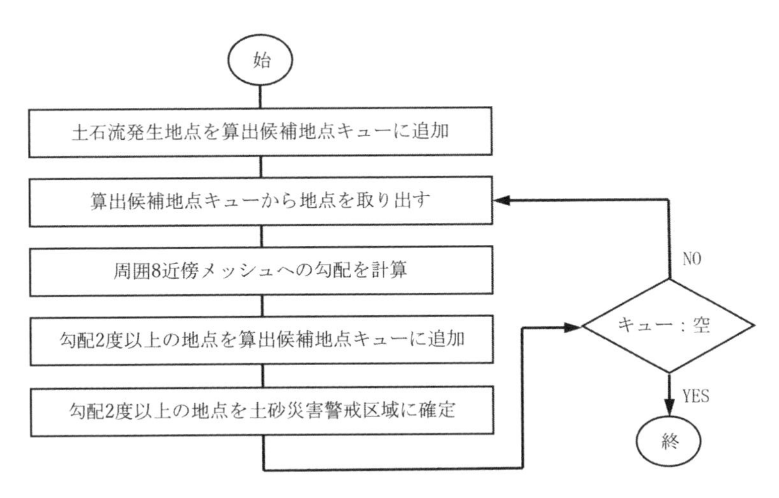

図 5.6　土砂災害警戒区域の算出フロー

5.4 評価結果

収集した地形データと土石流発生地点のデータに対して，図 5.7 に示すデータ加工を行いデータセットとして用意した．DEM は，各地点の標高を 828 × 986 の配列で格納したものを作成した．土石流発生地点の座標データについても，828 × 986 の配列を用意し，土石流発生地点の座標とその周囲 2 近傍をハザードマップによって既に指定済みの土石流発生地点（True）として定義し，それ以外を False とした．このようにして，作成したデータを基に，以下の 3 種類のデータセットを準備し，評価実験を実施した．

CASE1：32 × 32，64 × 64，128 × 128，256 × 256 の区画サイズに分割したものを，それぞれ学習・評価用のデータセットとして準備した．

CASE2：CASE1 のデータセットに対して，分割したデータ間の標高を標準化するために，それぞれのデータ内における最低標高地点の値を，そのデータ内の全ての標高地点の値から引く（標準化）処理を加えたデータセットを準備した．

CASE3：CASE2 で準備したデータセットのそれぞれのデータを 90 度，180 度，270 度，回転させた回転データを作成して，4 倍のデータ数をもつデータセットを学習用データとして準備した．

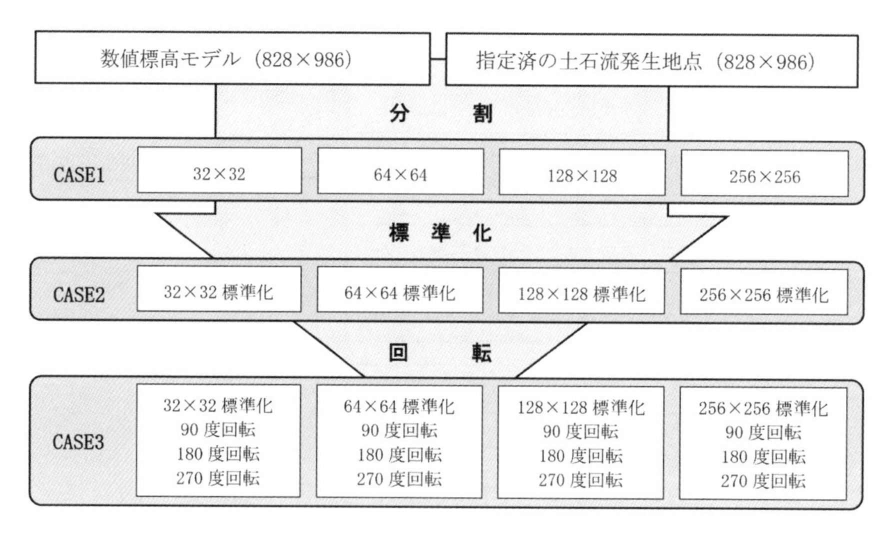

図5.7　データセットの準備（CASE1，CASE2，CASE3）

ハザードマップによって既に指定済みの土石流発生地点のデータは，民家が存在しないなどの社会的要因を考慮しているために，土石流が発生する可能性のある地形であっても，土石流発生地点として指定されていない箇所がデータの中に含まれている．このような類似した地形であるものの True と False が混在するデータの一貫性の欠如は，円滑な学習の妨げになることが予想される．そのため，分割したデータの中に指定済の土石流発生地点が1点も含まれていないものは学習データから自動的に除外して学習を進めることとした．データは様々なサイズに分割したが，すべて同じ基準で選別した．こうして除外したデータ以外をすべて学習用データセットとした．ただし，評価用のデータセットは社会的要因の有無にかかわらず使用することにした．

5.4.1　区画サイズ別の評価結果（CASE1）

区画サイズ別の評価結果を表5.1に示す．学習用のデータにおける Dice 係数では，64×64の場合の0.548が全区画サイズで最も高い値となった．続いて高い順に128×128，32×32，256×256となっている．また，学習用データにおける再現率では，32×32の場合が0.677と最も高くなり，区画サイズが大きくなるほどに低い値となっている．評価用データにおける評価指標は32×32の場合の再現率が0.325で最も高くなった．

図5.8に区画サイズ別の近傍再現率を示す．32×32の場合が学習用・評価用の両データセットにおいて最も高い近傍再現率を示し，その次に64×64の場合での評価が高く

なった．学習用と評価用のデータセットにおける3近傍再現率の値は，32×32の学習データの場合に7割を超え，評価用データ（未学習の地点）においても5割に近い値で，比較的近いところに土石流発生地点を特定する能力をもっていることがわかった．特定した土石流発生地点の出力結果を確認すると，32×32の場合は他の区画サイズよりも特定した地点数が多いことがわかった．

表5.1　区画サイズ別の評価結果（CASE1）

区画サイズ	学習用データ		評価用データ	
	Dice 係数	再現率	Dice 係数	再現率
32 × 32	0.454	0.677	0.108	0.325
64 × 64	0.548	0.424	0.012	0.076
128 × 128	0.477	0.239	0.001	0.014
256 × 256	0.281	0.067	0.001	0.007

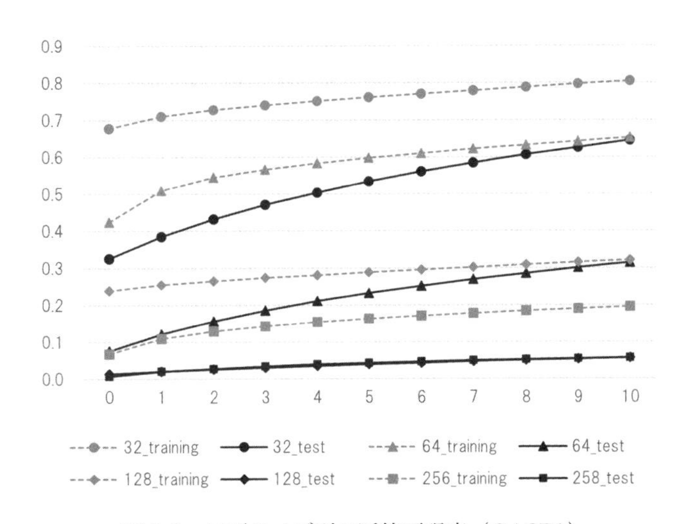

図5.8　区画サイズ別の近傍再現率（CASE1）

表5.2に区画サイズ別の土砂災害警戒区域再現率を示す．近傍再現率と同様に，32×32において学習用データでは0.942，評価用データでは0.878と最も高い土砂災害警戒区域再現率を示しており，抽出した土砂災害警戒区域は指定済の土砂災害警戒区域のほとんどをカバーしていることがわかった．その一例を図5.9に示す．図5.9の白で塗りつぶされた範囲は指定済の土石流発生地点から土砂災害警戒区域を算出したものであり，ハッチングされた範囲は推定した土石流発生地点から土砂災害警戒区域を算出したものを表す．推定した土砂災害警戒区域は指定済の土砂災害警戒区域以外の箇所も推定しているが，指

定済の土砂災害警戒区域の大部分を再現できていることが確認できる．また，64×64においても，学習用データでは0.753と高い値を示している．

表5.2　区画サイズ別の土砂災害警戒区域再現率（CASE1）

区画サイズ	土砂災害警戒区域再現率	
	学習用データ	評価用データ
32 × 32	0.942	0.878
64 × 64	0.753	0.475
128 × 128	0.361	0.088
256 × 256	0.229	0.064

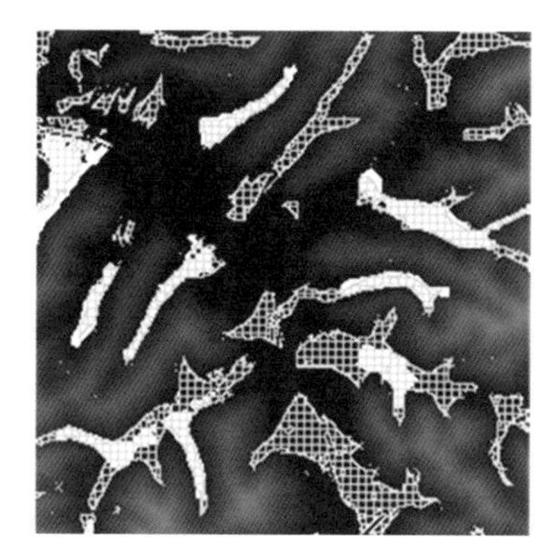

図5.9　抽出した土砂災害警戒区域の例（CASE1）

いずれの学習結果においても，区画サイズが32×32や64×64と小さくなるほど精度が向上することがわかった．その理由として考えられることは2つあり，1つは区画サイズの小さいものほど学習データの数が多くなるということである．32×32の学習データの個数は25370，対して256×256の学習データの個数は2459であり，区画サイズの大きいものは学習のためのデータ数が不足していることが考えられる．もう1つの理由は，区画サイズを大きく分割することで，土石流が発生する可能性のある地形であっても社会的要因により指定されていない地点が多く含まれてしまうことが考えられる．こういった地点のデータは学習に使用するデータを選別する過程で除外しているが，区画サイズを大きくすることで，データの選別方法の対象とならないデータが混ざり，一貫性のないデータセットとなってしまったものと考えられる．

5.4.2　標準化データに対する区画サイズ別の評価結果（CASE2）

標高地の標準化を実施したデータセットで学習したモデルによる，区画サイズ別の評価結果を表 5.3 に示す．学習用データにおける Dice 係数では，標準化前と同様に 64 × 64 の場合の 0.767 が全区画サイズで最も高い値となり，標準化前よりも 0.219 向上した．区画サイズにおける傾向は標準化前と異なり，区画サイズ 32 × 32 のときが 0.637 と最も低くなっている．学習用データにおける再現率では，32 × 32 の場合が 0.824 と最も高くなり，区画サイズが大きくなるほどに低い値となっている．評価用データにおける評価指標は標準化前と同様に 32 × 32 の場合の再現率が 0.409 で最も高くなった．

図 5.10 に標準化後のデータセットによる区画サイズ別の近傍再現率を示す．この図より，32 × 32 の場合が学習用・評価用の両データセットにおいて最も高い近傍再現率を示し，その次に 64 × 64 の場合での評価が高くなった．32 × 32 の 3 近傍再現率の値は，学習用データにおいて 8 割を超えており，評価用データにおいても 6 割近い値となった．この結果より，未学習の地点においても比較的近いところに土石流発生地点を特定する能力をもっていることがわかった．

表 5.3　標準化データによる区画サイズ別の評価結果（CASE2）

区画サイズ	学習用データ		評価用データ	
	Dice 係数	再現率	Dice 係数	再現率
32 × 32	0.637	0.824	0.158	0.409
64 × 64	0.767	0.655	0.048	0.212
128 × 128	0.702	0.454	0.024	0.154
256 × 256	0.657	0.248	0.014	0.108

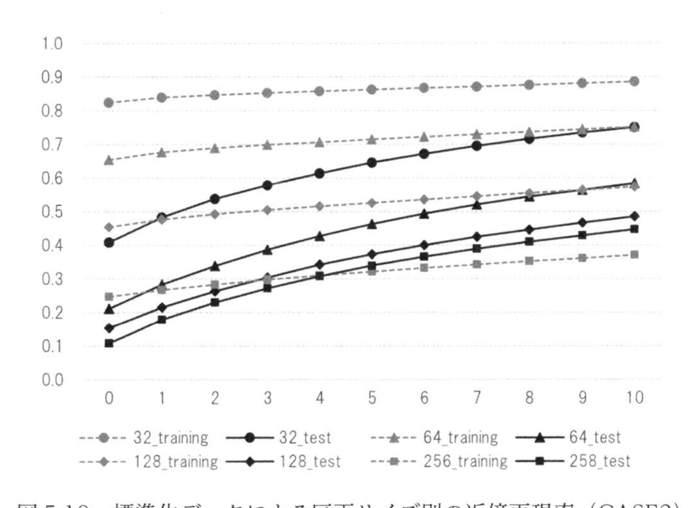

図 5.10　標準化データによる区画サイズ別の近傍再現率（CASE2）

表5.4に標準化後のデータセットによる区画サイズ別の土砂災害警戒区域再現率を示す．近傍再現率と同様に，32×32の場合が学習用データにおいて0.953，評価用データでは0.923と高い土砂災害警戒区域再現率を示し，抽出した土砂災害警戒区域は指定済の土砂災害警戒区域のほとんどをカバーしていることがわかった．学習用と評価用のデータセットにおける土砂災害警戒区域再現率の値も，標準化前と比較して向上している．

今回の応用例で検討したモデルは正規化処理を省いた畳み込みニューラルネットワークである．正規化処理による前処理を学習データに対し行うことで，学習の効率が向上することが判明している．しかし，DEMの入力時にそれぞれの地点の標高を正規化し比率を変更することは，勾配の大きさが土石流発生地点周辺の地形の認識において非常に重要な要素であるため避ける必要があった．そのため，分割したデータ内の最低標高地点の値をそのデータ内のすべての標高地点の値から引くという標準化を実施した．この処理が，一般的な正規化処理と同様の効果があったと考えられる．また，標準化前のデータセットにおいては，低い標高地点のデータに比べて高い標高地点のデータが少なく，高い標高地点の地形特徴を十分に学習できなかったためと考えられる．標準化を行うことで，すべてのデータで最も低い標高を0として，標高差を同一基準にすることができ，高い標高地点の地形特徴も含めて学習できたため精度の向上が見られたものと考えられる．

表5.4　標準化データによる区画サイズ別の土砂災害警戒区域再現率（CASE2）

区画サイズ	土砂災害警戒区域再現率	
	学習用データ	評価用データ
32 × 32	0.953	0.923
64 × 64	0.848	0.795
128 × 128	0.708	0.694
256 × 256	0.488	0.614

5.4.3　回転データを加味したデータに対する区画サイズ別の評価結果（CASE3）

標準化後のデータを回転させ，学習データの数を4倍に増やしたデータセットを用いた学習モデルによる，区画サイズ別の評価結果を表5.5に示す．学習用データにおけるDice係数では，標準化後と同様に64×64の場合の0.692が全区画サイズで最も高い値となり，標準化後よりも低下した．全区画サイズで標準化後よりも，Dice係数は低下し，32×32の場合が0.491と最も低くなった．学習用データにおける再現率では，標準化後と同様に32×32の場合が0.775と最も高くなり，区画サイズが大きくなるほどに低い値となっている．評価用データにおける評価指標は，標準化後と同様に32×32の場合が最も高くなり，全区画サイズで標準化後よりも再現率の向上が見られた．データ数が増えたことで，学習データに特化した学習ではなく，様々な地形に対応可能な学習ができ汎化能力が増したと考えられる．

表 5.5 回転データによる区画サイズ別の評価結果（CASE3）

区画サイズ	学習用データ		評価用データ	
	Dice 係数	再現率	Dice 係数	再現率
32 × 32	0.491	0.775	0.224	0.566
64 × 64	0.692	0.642	0.092	0.371
128 × 128	0.537	0.374	0.045	0.229
256 × 256	0.618	0.249	0.025	0.213

図 5.11 に回転データを加味したデータセットによる区画サイズ別の近傍再現率を示す．標準化後と同様に 32 × 32 の場合が学習用・評価用の両データセットにおいて最も高い近傍再現率を示し，その次に 64 × 64 の場合での評価が高くなった．3 近傍再現率の値も，32 × 32 の場合に学習用データでは 8 割を超え，評価用データでも 7 割を超える結果が得られた．標準化後の結果よりもさらに，未学習の地点において比較的近いところに土石流発生地点を特定する能力をもっていることがわかった．

表 5.6 に回転データを加味したデータセットによる区画サイズ別の土砂災害警戒区域再現率を示す．近傍再現率と同様に，32 × 32 の場合が学習用データにおいて 0.961，評価用データでは 0.942 で最も高い土砂災害警戒区域再現率を示し，標準化後の結果よりさらに，指定済の土砂災害警戒区域を高い再現率で抽出することができている．学習用と評価用のデータセットにおける土砂災害警戒区域再現率はすべての区画サイズにおいてわずかではあるが向上している．

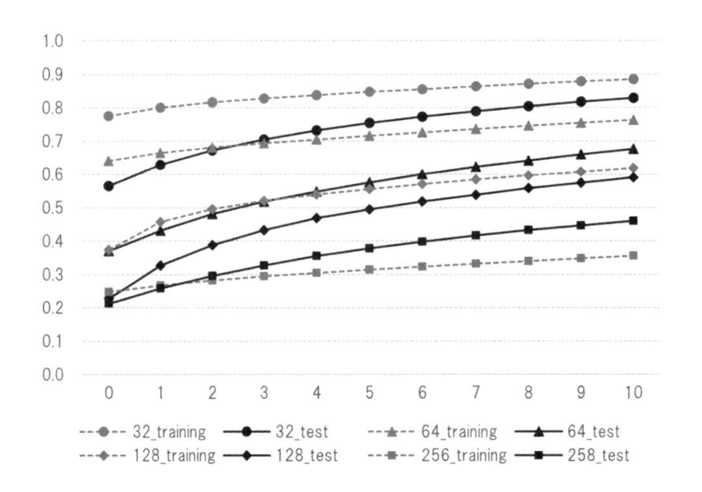

図 5.11　回転データによる区画サイズ別の近傍再現率（CASE3）

表 5.6　回転データによる区画サイズ別の土砂災害警戒区域再現率（CASE3）

土砂災害警戒区域再現率		
区画サイズ	学習用データ	評価用データ
32 × 32	0.961	0.942
64 × 64	0.884	0.859
128 × 128	0.755	0.742
256 × 256	0.492	0.628

回転データを加えることで評価が向上した理由として２つ考えられる．１つは，単純にデータ数が４倍に増えたことである．深層学習において，データ数は重要な要素であり，画像データなどを回転させてデータ数を増やすことは学習結果を向上させる１つのテクニックである．２つ目は，回転させたことで新たな地形が増えたことである．ここで扱ったデータセットは学習用も評価用も広島県全域のものである．広島県は，中国山地の南側に位置し，中国山地と平行に形成された階段状の地形特性を有していることから，県内には比較的南向き，画像では上から下方向への傾斜地が多く存在している．そのため，少数ではあるが画像の下から上方向へ流れる土砂災害警戒区域への対応ができていない場合があった．しかし，回転データを加えることで画像の下から上方向へ流れる土砂災害警戒区域のデータが増えたために，評価が向上したと考えられる．図 5.12 に回転データを加味する前の土砂災害警戒区域の抽出結果の例(a)と回転データを加味した後の抽出結果の例(b)を示す．いずれも，画像の上方向は北である．白色の丸印で囲んだ部分が，南から北へと流れる土砂災害警戒区域であり，回転データを加味する前の学習モデルでは抽出できていないが，回転データを加味した学習モデルでは抽出できていることがわかる．

(a)　標準化データ（CASE2）

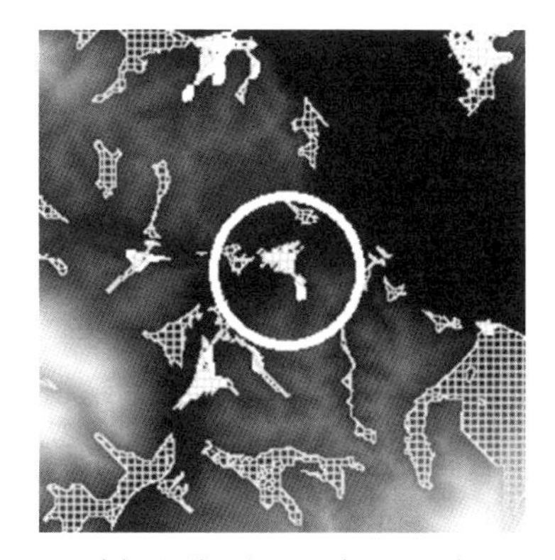

(b)　回転データ（CASE3）

図 5.12　土砂災害警戒区域の抽出例

5.5 広島県以外のデータによる評価結果

広島県以外の 5 地域（北海道，栃木，兵庫，愛媛，鹿児島）の一部エリアで準備したデータを使って，広島県のデータセットで学習したモデルの汎化能力を検証した．5 地域のデータは，縦 1500 × 横 2250 のメッシュで構成されているため，これを 32 × 32 の区画サイズに分割し，学習モデルに入力し土石流発生地点を特定した．さらに，特定した土石流発生地点から再帰的な方法により土砂災害警戒区域を算出した．

各地域の土石流発生地点の Dice 係数と再現率を表 5.7 に示す．Dice 係数では，兵庫県のデータセットの場合が最も高い値となったものの，その値は 0.0008 とかなり低い値となり，土石流発生地点をピンポイントで過不足なく特定することはかなり難しいことがわかった．再現率では，広島県の評価用データセットにおける値が 0.278 であったのに比べ，北海道のデータセットでは 0.177，兵庫県のデータセットでは 0.139 となり，やはり学習データの特性と異なる他地域でのピンポイントでの特定はやや難しいことがわかった．

各地域の土石流発生地点の近傍再現率を図 5.13 に示す．全体的に，土石流発生地点の再現率と同様で，北海道，兵庫県のデータセットで高い値が得られた．2 近傍再現率では，兵庫県，北海道の順で，どちらも 0.5 を超える再現率が得られた．0.7 を超える再現率となっているのは，兵庫県のデータセットでは 3 近傍，北海道と鹿児島県のデータセットでは 4 近傍，愛媛県のデータセットでは 5 近傍，栃木県のデータセットでは 7 近傍となり，多くの地域で，比較的近いところに土石流発生地点を特定する能力をもっていることがわかった．栃木県では，他の地域に比べて遠くなっており，地形の形成方法が他地域とはやや異なっているものと考えられる．

表5.7　他地域データによる評価結果

地 域	Dice係数	再現率
北海道	0.00025	0.177
栃　木	0.00070	0.092
兵　庫	0.00075	0.139
愛　媛	0.00026	0.129
鹿児島	0.00017	0.100

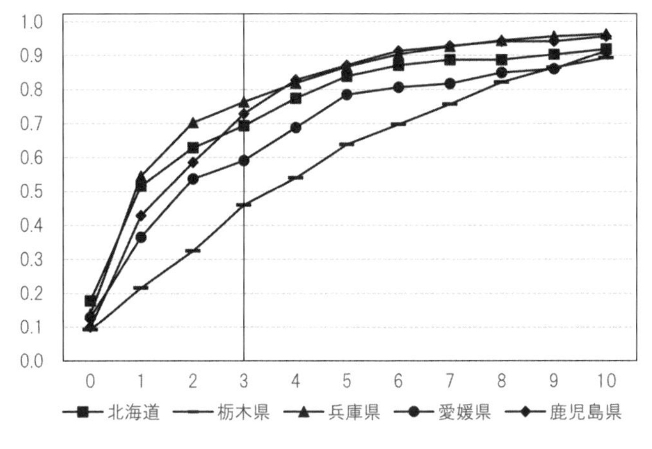

図5.13　他地域データによる近傍再現率

各地域の土砂災害警戒区域の再現率を表5.8に示す．すべての地域において0.95を超えて非常に高い値が得られた．北海道のデータセットでは0.989，兵庫県のデータセットでは0.982，鹿児島県のデータセットでは0.981となり，いずれも広島県の評価用データセットの値をやや上回る結果が得られた．ここで取り上げた5地域の近傍再現率が広島県のデータセットに比べて，急激に上昇していることより，土石流発生地点の特定はピンポイントではあまりできてないものの，同じ渓流内の近く（上流側あるいは下流側）に土石流発生地点の特定をしており，土砂災害警戒区域の再現率はかなり高くなったものと考えることができる．また，広島県のデータセットは，2017年に国土地理院から提供された数値標高モデルと2017年に広島県の土砂災害ポータルひろしまで提供された土砂災害警戒区域を用いた．一方で，汎化能力を検証するために用いた5地域（北海道，栃木，兵庫，愛媛，鹿児島）のデータセットは2017年に国土地理院から提供された数値標高モデルと2019年に国土交通省から提供された土砂災害警戒区域を用いている．2017年から2019年にかけて，各地域において土砂災害警戒区域の見直しが行われており，広島県でも2017年では9023箇所であった土石流発生地点が，2019年では10529箇所となり，約1500箇所が新たに警戒区域として追加されている．広島県のデータセットも2019年現在のもので評価すると他の5地域と同じ程度の値になることが考えられるため，今後の検討が必要である．

表5.8　他地域データによる土砂災害警戒区域再現率

地 域	土砂災害警戒区域再現率
北海道	0.989
栃　木	0.970
兵　庫	0.982
愛　媛	0.958
鹿児島	0.981

5.6 今後の展望

ここでは，近年増加している土石流による被害軽減のために，危険箇所の周知を目的とする土砂災害警戒区域に着目し，当該区域設定の効率化・自動化を目標とした．その達成のために，地形を入力変数として近年画像認識の諸分野で高い成果が報告されている深層学習技術の応用例を紹介した．

小区画内の最低標高地点の標準化が，土石流に特有の地形を学習し発生地点を推定する上で有効に働くことを確認し，さらに回転データを加味することによって，様々な特徴をもつ地形に適した学習ができることを確認した．評価実験を通して，土石流発生地点の推定に最も適していると考えられるモデルの1つは，32×32の区画サイズで，最低標高地点を0とする標準化を行ない，回転データを加味し，ハザードマップによって既に指定済みの土石流発生地点周辺のデータを用いて学習したモデルであることがわかった．このモデルの出力する推定地点は，土石流の発生可能性が高いと考えられる渓流に沿って分布しており，周辺地形の特徴の獲得が成されていた．評価用データでの推定結果は，土砂災害警戒区域再現率において0.942となり，非常に高い再現率となった．

今後の展開として，実用化を目指すためには以下の課題に取り組む必要がある．

5.6.1　社会的要因の考慮

この応用例では，土砂災害警戒区域として指定される条件の一つである社会的要因（保全対象）を考慮していない．今後は，国土地理院から提供されている土地利用図などの情報を学習データに取り込むことによって，社会的要因を考慮した土砂災害警戒区域の推定を検討する必要がある．さらに，この検討を通して得られた結果を，再現率だけではなく適合率による評価も実施する必要がある．

5.6.2　ネットワークの検討

この応用例では，広く用いられているモデル構造（U-net）を利用して，パラメータもヒューリスティックに定めている部分が多い．今後は，ネットワークの結合・層・ノード数，学習データの正規化や Dropout といった工夫についてのパラメトリックな検討が必要である．

5.6.3　目的関数の検討

この応用例では，予測結果の２値性と計算の容易性から Dice 係数を教師あり学習の目的関数に用いた．しかし，Dice 係数では教師ラベルのメッシュに対して近傍に出力した場合と近傍にまったく出力がない場合の違いを考慮することができず，余分な出力として評価値を引き下げる傾向が見られた．今後は，タスクと教師データに応じて自動的に誤差関数を獲得することができる Conditional GAN[24] などの敵対学習の手法の有効性について検討する必要がある．

最後に本稿の作成にあたり，python コードの作成などに関して，関西大学大学院の羅子健さんと谷麗奈さんの協力を得た．ここに記して感謝の意を表する．

参考文献

1）内閣府：令和元年台風第 19 号に係る被害状況について，http://www. bousai.go.jp/updates/rlty phoon19/index.html（2020.2.10 現在）

2）国土交通省：平成 30 年７月豪雨による土砂災害の発生状況，http://www.mlit.go.jp/ river/sabo/H30_07gouu.html（2020.2.10 現在）

3）国土交通省：土砂災害防止法に基づく基礎調査の実施目標について，https://www.mlit.go.jp/report/press/sabo01_hh_000015.html（2020.2.10 現在）

4）国土交通省：土砂災害防止対策基本指針，https://www.mlit.go.jp/common/ 001196760.pdf（2020.2.10 現在）

5）Redmon J., Farhadi A.,: YOLO9000-Better, Faster, Stronger, The IEEE Conference on Computer Vision and Pattern Recognition (CVPR), pp.7263-7271, 2016.

6）国土地理院：基盤地図情報ダウンロードサービス，https://fgd.gsi.go.jp/downlod/ menu.php，（2020.5.1 現在）

7）広島県：土砂災害ポータルひろしま，http://www.sabo.pref.hiroshima.lg.jp/portal/ Top.aspx，（2020.5.1 現在）

8）国土交通省：ハザードマップポータルサイト～身のまわりの災害リスクを調べる～，https://disaportal.gsi.go.jp/，（2020.5.1 現在）

9）原田洋子，宮腰政明，新保勝：カラー画像セグメンテーションのためのファジィ・クラスタリング手法，日本ファジィ学会誌，Vol.6，No.5，pp.1021-1036，19994.

10）Ronneberger O., Fischer P., Brox T., U-Net: Convolutional Networks for Biomedical Image Segmentation, Lecture Notes in Computer Science (LNCS), Vol.9351, pp.234-241, 2015.

11）Kingma, Diederik P., Ba, J.: Adam: A Method for Stochastic Optimization, eprint arXiV，1412.06980，2014.

12）鎌田理詩他：U-Net による CT 画像における脊髄の自動検出，IEICE technical report：信学技報，117(508)，pp.81-84，2018.

13）Ciresan D.C., Gambardella L.M., Giusti A., Schmidhuber J.: Deep neural networks segment neuronal membranes in electron microscopy images, Neural Information Processing Systems Conference (NIPS 2012)，pp. 2852-2860，2012.

14）A.Al-masni M., A.Al-antari M., Choi M., Han S.: Skin lesion segmentation in dermoscopy images via deep full resolution convolutional networks, Computer Methods and Programs in Biomedicine 162，ELSEVIER，pp. 221-231，2018.

15）Zhang Z., Liu Q., Wang Y.: Road Extraction by Deep Residual U-Net, IEEE GEOSCIENCE AND REMOTE SRNSING LETTERS，VOL. 15，NO. 5，pp. 749-753，2918.

16）吉原篤，滝口哲也，有木康雄：深層学習を用いた被災地衛星画像の被覆分類，神戸大学都市安全研究センター研究報告，第 22 号，pp. 69-74，2018.

17）梁志鵬，佐賀亮介：セマンティックセグメンテーションによる牡蠣生育予測のためのデータセット作成の基礎検討，第61回自動制御連合講演会予稿集，pp. 92-96，2018.

18）御堂義博，中前幸治：深層学習を用いた画像解析・異常検知に関する一考察，REAJ誌，Vol. 40，No. 2，pp. 81-86，2018.

19）Man Y., Huang Y., Feng J., Li X., Wu F.: Deep Q Learning Driven CT Pancreas Segmentation With Geometry-Aware U-Net, IEEE TRANSACTIONS ON MEDICAL IMAGING，VOL. 38，NO. 8，pp.1971-1980，2019.

20）長谷川晃，野口映花，李鎔範：深層学習を用いた心臓血管撮影動画像における冠動脈の動きによる不鋭の除去，医用画像情報学会雑誌，Vol. 36，No. 2，pp. 98-101，2019.

21）Erdem F., Avdan U.: Comparison of Different U-Net Models for Building Extraction from High-Resolution Aerial Imagery, International Journal of Environment and Geoinformatics，Vol. y，Issue 3，pp. 221-226，2019.

22）Daimler Pedestrain Segmentation Benchmark：http://www.gavrila.net/Datasets/Daimler_Pedestrian_Benchmark_D/daimler_pedestrian_benchmark_d.html, 2021.

23）Aladdin Persson: PyTorch Tutorials, https://www.youtube.com/channel/UCkzW5JSFwvKRjXABI-UTAkQ, 2022.

24）Isola O., Zhu J., Zhou T., Efros A.：Image-to-Image Translation with Conditional Adversarial Networks, arXiv，1611.07004，2016.

6 豪雨時の斜面崩壊予測に対するAI技術の適用事例

地球温暖化などの影響により集中豪雨の発生頻度が増加しており，それによって，毎年，全国各地で豪雨による斜面崩壊が頻発している．斜面崩壊に対する防災対策としては，ハード対策とソフト対策に大別できるが，ここで紹介する研究は，AI技術を導入することでソフト対策の精度を向上させ，未然の斜面崩壊発生予測を目指すものである．このような斜面崩壊発生予測に対して活用できるデータとして，過去の崩壊履歴，地形・地質情報，降雨履歴などの広域なデータに加えて，斜面単位でのモニタリングデータも十分に蓄積されている．今後は，これらの大量のデータを有効活用して斜面崩壊の発生予測を行うための手法の開発が重要であると考えられる．ここでは，AI技術を用いて豪雨時の斜面崩壊予測を試みた2種類の事例について紹介する．1つ目は，鹿児島県の桜島を対象として，地形情報のような広域なデータを用いてニューラルネットワークによる侵食発生場所予測モデルの構築を試みた事例である．2つ目は，土中水分量のモニタリングデータに基づいて浸透解析モデルのデータ同化を行った事例である．

6.1 ニューラルネットワークを用いた桜島における侵食発生場所予測モデルの構築[1)]

以下の文章について文献1）を出典元として紹介する．

6.1.1 はじめに

鹿児島県の中央に位置する桜島は，現在も活発に活動を続ける活火山であり，大量の火山灰が堆積しているため，毎年，降雨によって数十件の土石流が発生している．そのため，桜島では，砂防堰堤の整備，ワイヤーセンサ・監視カメラの設置，1年間隔での航空レーザー測量などの様々な防災対策が実施されており，その結果，土石流による人的被害は軽減されている．しかし，桜島の火口付近には立入禁止区域があるため，土石流の発生源である渓流上部まで現地踏査を行って侵食が発生した地点を直接調査することは不可能である．火山噴火時には，土砂災害防止法に基づいて緊急調査を実施する必要があるが，桜島のようにそもそも土石流発生域への立ち入りが困難な状況は他の火山地域でも想定される．したがって，様々なデータが計測されている桜島を研究対象地域として，火山噴火後の降雨によって侵食が発生しやすい場所を予測できる方法論を確立しておくことは，火山地域における今後の防災対策の策定に対して有効であると考えられる．火山地域における侵食の発生に影響を与える要因としては，地形，地質，降雨，降灰など様々な要因が考えられるが，立入禁止区域内で最も詳細な情報が得られているデータは，航空レーザー測量による数値標高モデル（Digital Elevation Model，以下DEM）のデータであると考えられる．地質や降雨は地形情報と比較すると解像度が低く，降灰情報は立入禁止区域内のデータを入手することは困難である．以上の背景を踏まえて，ここでは，近年，様々な分野で適用されているニューラルネットワーク（Artificial Neural Network，以下ANN）を用いて，地形情報に基づく侵食発生場所予測モデルの構築を試みた事例[1)]について紹介する．

6.1.2　適用データの作成

平成24年から平成30年までの7年間に桜島において毎年計測された航空レーザー測量によるDEMデータを用いて分析を行った．対象範囲は桜島の火口付近の南北に4250 m，東西に3750 mの範囲とした．DEMデータの間隔は5 m間隔であるため，対象範囲内には南北に850個，東西に750個の合計637500個の標高データが含まれており，それらが7年分蓄積されている．

同一地点における2年分のDEMデータの差分を算出することで，その地点における1年間での堆積量や侵食量を概算できる．ここでは，この各地点におけるDEMデータの差分値を地形変化量と定義する．図6.1は一例として平成24年から平成25年における侵食量の分布図を示している．地点によっては数mのオーダーで標高値が変化していることがわかる．この地形変化量によって地形の侵食傾向を把握した．なお，図6.1の枠線で囲まれた範囲は，火山の爆発の影響によって，1年間での地形変化量が非常に大きい(年によっては30 m以上)．これらは降雨による侵食や堆積ではないにも関わらず，分析結果に多大な影響を与えるため，本研究ではこの範囲における地形変化量は考慮しないことにした．

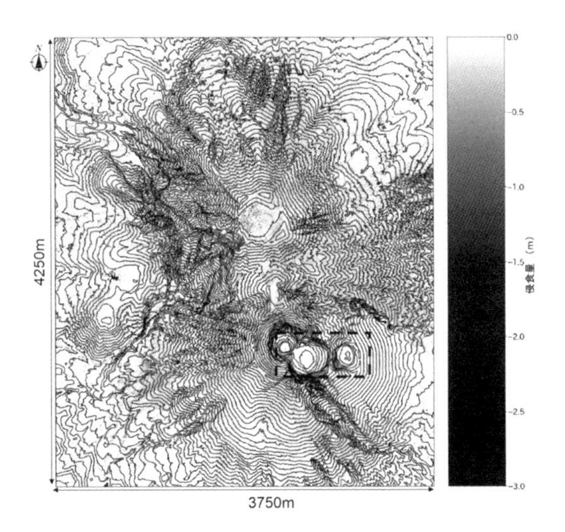

図 6.1　侵食量の分布（平成 24 年から平成 25 年）[1]

次に，地形的特徴を表現するための指標として，DEM データの 1 階微分である傾斜[3]と 2 階微分であるラプラシアン[4]を各地点で算出した．対象とする地点（Z）の近傍の 8 点（Z_{N}，Z_{NE}，Z_{E}，Z_{SE}，Z_{S}，Z_{SW}，Z_{W}，Z_{NW}）を図 6.2 のように定義すると，傾斜 I は各地点の標高値を用いて次式のように算出される．

$$I = \frac{360}{2\pi} \cdot \arctan\left\{ \sqrt{\left(\frac{\mathrm{d}z}{\mathrm{d}x}\right)^2 + \left(\frac{\mathrm{d}z}{\mathrm{d}y}\right)^2} \right\} \tag{6-1}$$

ここに，

$$\frac{\mathrm{d}z}{\mathrm{d}x} = \frac{(Z_{\mathrm{NW}} + 2Z_{\mathrm{W}} + Z_{\mathrm{SW}}) - (Z_{\mathrm{NE}} + 2Z_{\mathrm{W}} + Z_{\mathrm{SE}})}{8\Delta x} \tag{6-2}$$

$$\frac{\mathrm{d}z}{\mathrm{d}y} = \frac{(Z_{\mathrm{NW}} + 2Z_{\mathrm{N}} + Z_{\mathrm{NE}}) - (Z_{\mathrm{SW}} + 2Z_{\mathrm{S}} + Z_{\mathrm{SE}})}{8\Delta y} \tag{6-3}$$

である．また，ラプラシアン lap は式（6-4）のように算出した．式（6-4）からもわかるように，ラプラシアンは地形の凹凸について表現した指標であり，プラスが凹地形，マイナスが凸地形を表している．

$$lap = \left(\frac{Z_{\mathrm{E}} - 2Z + Z_{\mathrm{W}}}{\Delta x^2}\right) + \left(\frac{Z_{\mathrm{N}} - 2Z + Z_{\mathrm{S}}}{\Delta y^2}\right) \tag{6-4}$$

図 6.3 は平成 24 年における傾斜とラプラシアンの分布図をそれぞれ示している．本研究では，図 6.3 に示す各地点の地形的特徴を用いて，図 6.1 の侵食量について説明できる

ニューラルネットワークモデルの構築を試みた．

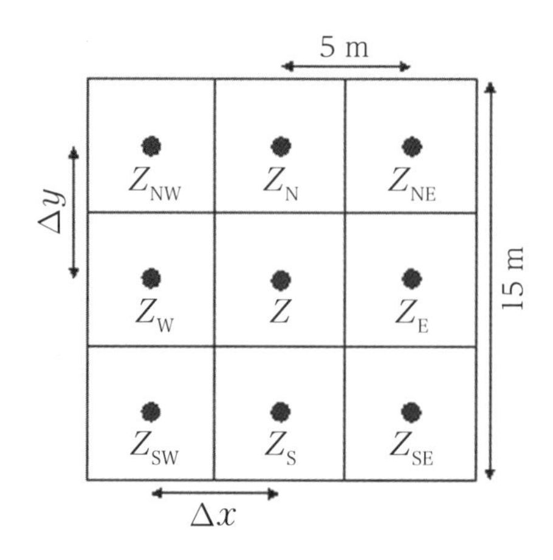

図 6.2　地形的特徴の計算における各記号の定義 [1]

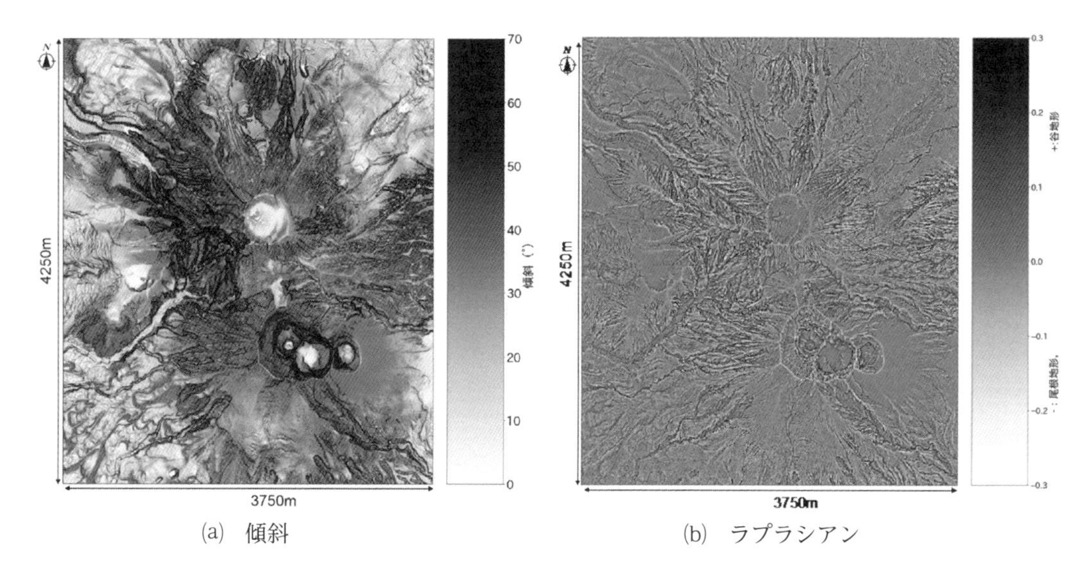

(a)　傾斜　　(b)　ラプラシアン

図 6.3　傾斜とラプラシアンの分布図（平成 24 年）[1]

6.1.3　解析手法と入力データ

Python 用の ANN フレームワークである Keras [5] を用いて，桜島における侵食発生場所予測モデルの構築を試みた．ANN に適用するデータは，目的変数に該当するラベルと説明変数に該当する入力ベクトルが必要であるが，ここでは，ラベルとして地形変化量を用い，入力ベクトルとしては傾斜とラプラシアンを用いた．ラベルは，地形変化量が 1 年間で 1 m 以上侵食された地点のラベルを 1 として，それ以外の地点のラベルを 0 とした．入力ベクトルに関しては，各ラベルが対応する地点の近傍の 400 個

（100 m×100 m の範囲）の傾斜とラプラシアンを用いた．つまり，800 個の入力ベクトル（傾斜：400 個，ラプラシアン 400 個）から各地点におけるラベル（1 m 以上侵食された or それ以外）を推定する ANN モデルの構築を試みた．図 6.4 は ANN モデルの構成図を示している．本モデルはそれぞれ 32 個のユニットをもつ 3 つの中間層と 1 つの出力層から構成されており，中間層の活性化関数は ReLU，出力層の活性化関数は Sigmoid とした．出力層からは Sigmoid 関数の予測値に基づくスコア（0 から 1 の値）が出力される．このモデルにおける未知パラメータは合計 27777 個である．最適化アルゴリズムとしては RMSprop，損失関数は binary_crossentropy を用いてこれらの未知パラメータを推定した．ANN の学習に用いるデータとしては，平成 24 年から平成 28 年までのデータを学習データとして用い，平成 28 年から平成 30 年までのデータをテストデータとした．

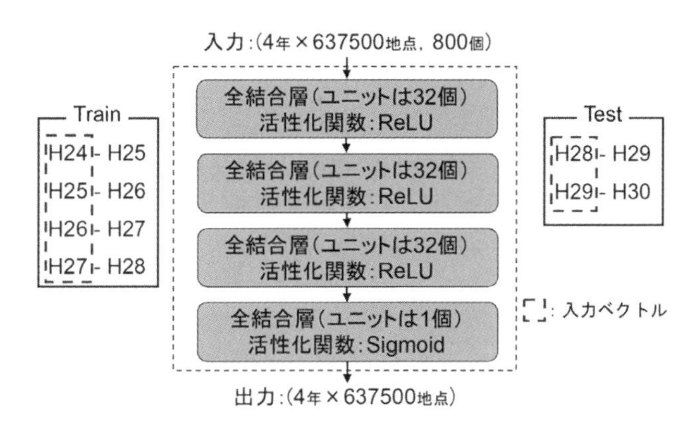

図 6.4　ANN モデルの構成図 [1)]

6.1.4　解析結果と考察

学習データに基づいて構築された ANN モデルの精度は，学習データだけでなくテストデータも 97.0 % 以上であった．これは，データのほとんどのラベルが 0 であったことが影響していると考えられる．したがって，この研究では，ラベルと予測結果を地形図上にプロットすることで，構築されたモデルの再現性や課題について議論することとした．

図 6.5 は平成 24 年から平成 25 年における学習データのラベルと構築された ANN による予測結果の比較を示している．(a)学習データにおける色付けされた地点は実際に 1 年間で 1 m 以上侵食された地点であり，(b)予測結果における色付けされた地点は 1 m 以上侵食されると ANN が予測した地点である．図 6.5 の結果より，まず，全体的な傾向としては，渓流沿いの急斜面で侵食される地点が多いという学習データの特徴を ANN に

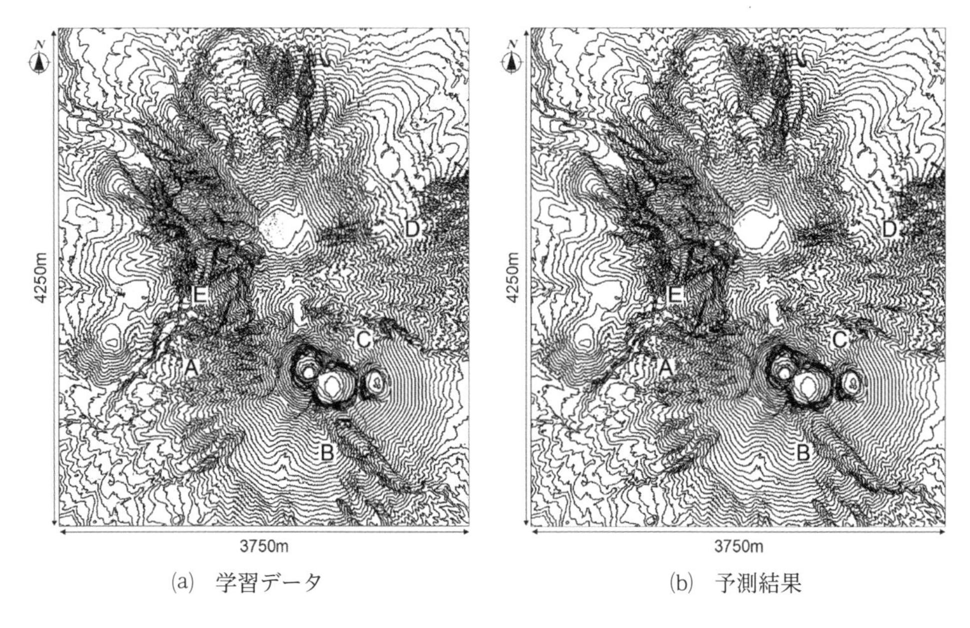

(a)　学習データ　　(b)　予測結果

図6.5　学習データと予測結果の比較（平成24年から平成25年）[1)]

よって表現できていると考えられる．地点ごとに着目すると，地点A付近の予測結果は，侵食傾向にある学習データの特徴を良好に再現できている．それに対して，地点Bや地点Cでは，予測結果でも侵食傾向自体は表現できているものの，学習データと比較すると侵食されると予測された地点の割合が少ない．反対に，地点Dや地点Eは，実際の学習データはそれほど侵食されていないのに対して，予測結果は多くの地点で侵食されると予測されている．このように学習データとANNによる予測結果に違いが生じた理由として，学習データに用いた入力ベクトルが影響していると考えられる．図6.6は対象地域における地質図[6)]を示している．侵食傾向が強い地点A，地点B，地点Cが該当する地質は分類が安山岩溶岩および火砕物であるのに対して，地点Dや地点Eの地質の分類はデイサイトである．このことから，侵食傾向には地形情報だけでなく，地質情報も大きく影響していることが明らかになった．今後は，これらの地質情報もANNに学習させることで，より高精度なANNモデルを構築する必要がある．

図6.7は平成29年から平成30年におけるテストデータと構築されたANNによる予測結果の比較を示している．全体的な傾向としては，テストデータを用いた場合も，渓流沿いの急斜面での侵食は表現できているが，地点F周辺における侵食傾向を全く表現できていないことがわかる．これは，平成28年頃から地点Gの昭和火口の火山活動が弱まったことが原因であると考えられる．平成28年以前は昭和火口が頻繁に噴火していたことで，地点F周辺は多量の土砂が供給されており堆積傾向にあった．しかし，

平成28年以降は昭和火口の活動が弱まったことで，土砂の供給がなく地点F周辺は侵食傾向が非常に強くなった．それにも関わらず，平成24年から平成28年までのデータを学習データとして用いたため，平成28年以降に地点F周辺で侵食が強まったことをANNが学習しておらず，このような解析結果になったと考えられる．この結果から，今後は火山活動の履歴も考慮した学習データを適用してモデル化を行う必要があることがわかった．

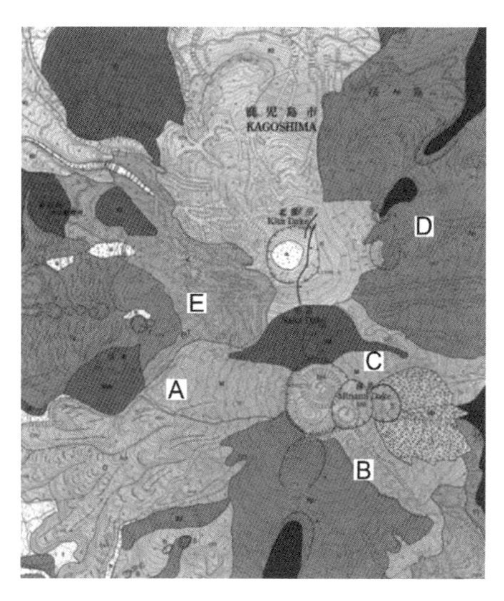

図6.6　桜島火口付近の地質図[1)]

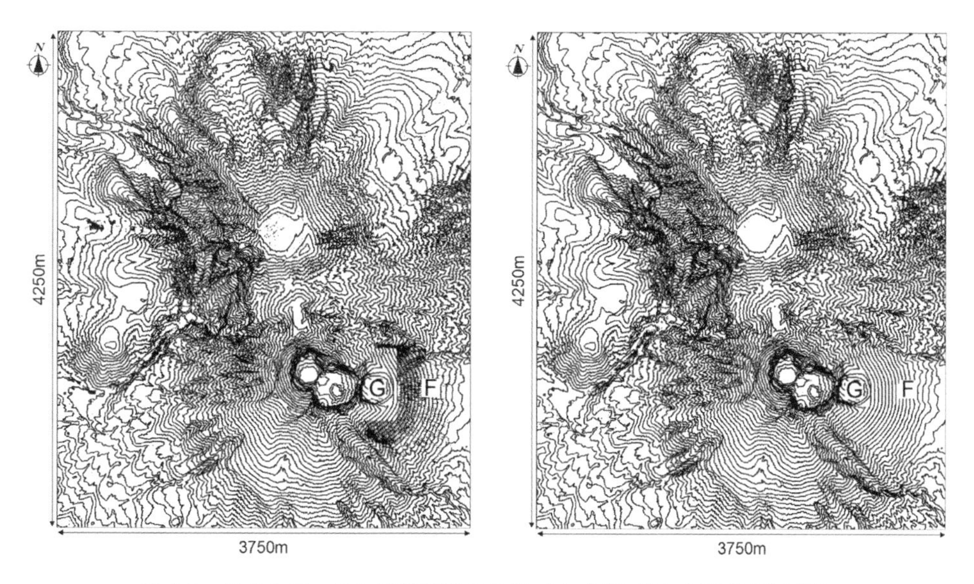

図6.7　テストデータと予測結果の比較（平成29年から平成30年）[1)]

6.1.5　まとめ

ここでは，ニューラルネットワークを用いて地形情報に基づく侵食発生場所予測モデルの構築を試みた事例について紹介した．得られた知見を以下に示す．

① ANNによって構築された予測モデルを用いると，渓流沿いの急斜面で侵食される地点が多いという全体的な傾向は表現できるが，地点によっては実測データを表現できない地点があることがわかった．

② 学習データやテストデータとANNによる予測結果に違いが生じた理由として，地質情報の影響が大きいことが考えられる．今後は地形情報だけでなく地質情報も学習させたANNモデルの構築が必要である．

③ 火山活動の履歴を考慮せずに学習データとテストデータを分割すると，実現象を表現できないモデル化になることがわかった．

この研究では，地形情報に基づいてマクロ的な予測モデルを構築することで侵食が発生する場所の特定を目指したが，降雨情報なども学習させることで，場所だけでなく斜面崩壊発生のタイミングも予測できる可能性はある[7]．

6.2　土中水分量の現地計測データに基づく浸透解析モデルのデータ同化

以下の文章について，文献2）を出典元として紹介する．

6.2.1　はじめに

豪雨時の斜面崩壊に対するソフト対策の1つとして，現地斜面のモニタリングが普及している．これは，降雨に伴って変化する物理量を現地計測し，それらの計測データをリアルタイムに送信することで遠隔で現時点での対象斜面の状態を監視しようとするものである．IoTの発展により，斜面変位や土中水分量に関するモニタリング事例[8)-11)]が多数報告されており，それらの計測データは着実に蓄積されている．現行の斜面崩壊に対するソフト対策は降雨量に基づく対策が多いのに対して，モニタリングは対象斜面における土中の状態を考慮した意思決定ができる可能性があるため，現行のソフト対策を高度化させるための手段として期待できる．しかし，斜面モニタリングも計測できる情報は過去から現在までに限られているため，これまでに計測されたことがない豪雨が降ると予測された場合の土中水分量やそれに伴う斜面変位がどの程度まで増加するかを予測することはできない．そのような未経験の外力に対する将来予測を行うためには，シミュレーションが必要である．

土中水分量に関するシミュレーションとして，一般的に不飽和・飽和浸透流解析が用いられる．これを行うためには，不飽和浸透特性に関するパラメータ（水分特性曲線や不飽和透水係数の関数）が必要であるが，それらのパラメータを求めるための方法としては，従来から室内での保水性試験や透水試験が用いられてきた[12)]．しかし，そのような室内試験結果に基づいて得られたパラメータは，現地斜面における不飽和浸透特性とは必ずしも一致しないという指摘もある[13)]．そこで，伊藤ら[14)-19)]はこれまでに，土中水分量の現地計測データに基づく不飽和浸透特性のデータ同化に関する研究を行ってきた．データ同化とは，主に気象学や海洋学の分野で発展してきた手法であり，数値解析シミュレーションにおけるモデルを計測データに基づいて適切なものへと修正していくための手法である．言い換えると，数値解析シミュレーションのような演繹的アプローチを行うのと同時にデータ解析のような帰納的アプローチを行うことで，シミュレーションによる将来予測を高度化しようとするものである[21)]．不飽和浸透特性のデータ同化に関する既往の研究よって，データ同化により推定された浸透解析モデルを用いると，データ同化に使用した現地計測データより降雨強度の高い場合の現地計測データも高精度に再現できること，土質の異なる様々な斜面でデータ同化は適用可能であること，データ同化手法の中でも融合粒子フィルタ（Merging Particle Filter，以下 MPF と呼ぶ）[22)]が，不飽和浸透特性を推定するためのアルゴリズムとして有効であることなどが明らかになっている．

上述の既往の研究では，土中の状態としては不飽和状態を仮定してシミュレーションを行っていた．しかし，斜面崩壊の発生には地下水位の上昇が大きく影響するため，不飽和状態の浸透挙動だけでなく飽和状態の地下水位の上昇や下降までを表現できるモデルによるシミュレーションが必要である．ここでは，シミュレーションモデルを改良してデータ同化を行うことで，地下水位の挙動を再現した研究事例を 2 つ紹介する．

6.2.2　浸透解析モデルのデータ同化の概要

ここでは，本研究で用いるデータ同化手法である融合粒子フィルタ（MPF）について説明する．MPF はシステムの状態に関する確率分布を粒子と呼ばれる多数の実現値集合で近似的に表現し，ベイズの定理を応用して各粒子の時間推移を数値的に表現するデータ同化手法である．粒子とは，シミュレーションモデル（初期条件，境界条件，パラメータなど）に関する情報と各モデルにおいてシミュレーションを行って算出される各時刻の物理量（本研究であれば土中水分量）を情報として有しているものである．MPF は，最初にシミュレーションモデルの異なる多数の粒子を用意して，並列に粒子数分のシミュレーションを行いながら，各時刻で観測データに基づいてベイズ推定を実施することで，シミュレーションモデルを逐次修正する方法である．

MPFでは，離散時刻における一般状態空間モデルを仮定している．一般状態空間モデルは式（6-5）に示すシステムモデルと式（6-6）に示す観測モデルで構成される．

$$x_t = f_t(x_t - 1) + v_t \tag{6-5}$$

$$y_t = h_t(x_t) + w_t \tag{6-6}$$

ここに，x_tは各離散時刻におけるシステムの状態，すなわち，粒子を表しており，y_tは観測データである．ベクトルv_tとw_tはそれぞれシステムノイズと観測ノイズを表しており，お互いに無相関な任意の確率分布を設定できる．f_tは時刻t-1からtまでの非線形状態遷移関数であり，シミュレーションがこれに該当する．h_tは観測演算子であり，システムの状態x_tと観測データy_tの間の関係を表している．

図6.8はMPFの概念図を示している．MPFでは(a) Prediction，(b) Filtering，(c) Resampling，(d) Mergingという4つの手順を逐次繰り返す．粒子数をN個とすると，(a) Predictionでは，時刻t-1からtまでのシミュレーションをN通り行う．6.2.3項の事例ではシミュレーションとして不飽和・飽和浸透流解析を行うため，支配方程式として次式に示すRichards式[23]を用いている．

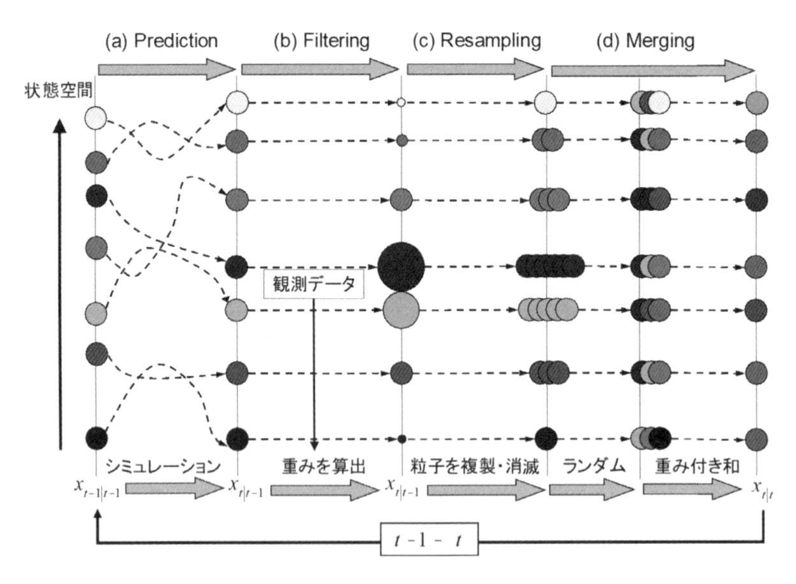

図6.8　MPFの概念図[2]

$$C \cdot \frac{\partial \psi}{\partial t} = \frac{\partial}{\partial x_1}\left(k(\psi)\frac{\partial \psi}{\partial x_1}\right) + \frac{\partial}{\partial x_2}\left(k(\psi)\frac{\partial \psi}{\partial x_2}\right) + \frac{\partial}{\partial x_3}\left\{k(\psi)\left(\frac{\partial \psi}{\partial x_3} + 1\right)\right\} \tag{6-7}$$

ここに，Cは比水分容量であり，$C = \partial\theta / \partial\psi$ で表される．θ は体積含水率，ψ は間隙水圧，$k(\psi)$ は不飽和透水係数である．また，水分特性曲線モデルとしては式（6-8）に示す van Genuchten モデル[24]，不飽和透水係数モデルとしては式（6-9）に示す Mualem モデル[25]を用いている．

$$S_{\mathrm{e}} = \frac{\theta - \theta_{\mathrm{r}}}{\theta_{\mathrm{s}} - \theta_{\mathrm{r}}} = \left\{ \frac{1}{1 + \left(-\alpha \cdot \psi\right)^{n}} \right\}^{1-\frac{1}{n}} \tag{6-8}$$

$$k(\psi) = k_{\mathrm{s}} \cdot S_{\mathrm{e}}^{0.5} \left\{ 1 - \left(1 - S_{\mathrm{e}}^{\frac{n}{n-1}} \right) \right\} \tag{6-9}$$

ここに，S_{e} は有効飽和度，θ_{s} は飽和体積含水率，θ_{r} は残留体積含水率，α と n は水分特性曲線の形状を与えるパラメータであり，k_{s} は飽和透水係数である．このようなモデルによる不飽和・飽和浸透流解析を行うためには，θ_{s}，θ_{r}，α，n および k_{s} が不飽和浸透特性に関する未知パラメータとなる．6.2.3 項の事例では，これらの 5 つのパラメータに加えて境界条件も未知パラメータとしてデータ同化を行うことで，不飽和鉛直浸透だけでなく地下水位の挙動を再現できる浸透解析モデルの推定を試みている．6.2.4 項の事例では，シミュレーションモデルとして並列タンクモデル[26]を用いることで簡易的に地下水位の挙動を再現しようとしたものである．このように，(a) Prediction におけるシミュレーションモデルは，時間発展するモデルであり，そのモデルによって算出される物理量がデータ同化に用いる観測データと合致していれば任意に設定可能である．次に，(b) Filtering では，観測データに対する各粒子の解析結果の適合度に基づいて，各時刻における各粒子に対する尤度 $\beta_{\mathrm{t}}^{(i)}$ を全て計算する．観測ノイズ w_{t} として多次元正規分布を仮定すれば，尤度 $\beta_{\mathrm{t}}^{(i)}$ は次式のように求まる．

$$\beta_{\mathrm{t}}^{(i)} = p\left(y_{\mathrm{t}} \middle| x_{\mathrm{t|t-1}}^{(i)}\right) = \frac{1}{\sqrt{2\pi}^{m}\left|R\right|} \exp\left[\frac{\left(y_{\mathrm{t}} - h\left(x_{\mathrm{t|t-1}}^{(i)}\right)^{\mathrm{T}}\right) R^{-1} \left(y_{\mathrm{t}} - h\left(x_{\mathrm{t|t-1}}^{(i)}\right)\right)}{2} \right] \tag{6-10}$$

ここに，R は分散共分散行列である．この式は，ある時刻の観測データに対して N 通りのシミュレーション結果がそれぞれどの程度の誤差であるかを表したものである．このように，(b) Filtering を行うことで，各時刻の各粒子に対応する尤度 $\beta_{\mathrm{t}}^{(i)}$ を算出することができる．(c) Resampling では，各粒子の尤度 $\beta_{\mathrm{t}}^{(i)}$ に基づいて復元抽出を行い，粒子を複製・消滅させる．復元抽出の方法に関しては，既往の文献[27]を参照されたい．この復元抽出を行う際に MPF では，$l \times N$ 個（l は 3 以上の整数）のサンプルを復元抽出する．最後に，(d) Mergingを行い，$l \times N$個のサンプルを，1個ずつの組にして，それぞれの組ごとに重み付き和をとることで，N個の粒子を再度作成する．ここで，重み付き和をとる際の重み α_{j} は，

$$\sum_{j=1}^{l} \alpha_{\mathrm{j}} = 1\,, \qquad \sum_{j=1}^{l} \alpha_{\mathrm{j}}^{2} = 1 \tag{6-11}$$

を満たすように与える．既往の文献[21]では，$l = 3$として，重みは，

$$\alpha_1 = \frac{3}{4}, \qquad \alpha_2 = \frac{\sqrt{13}+1}{8}, \qquad \alpha_3 = \frac{\sqrt{13}-1}{8} \tag{6-12}$$

としている．

以上のように，MPFでは各時刻で4つの手順（(a) Prediction，(b) Filtering，(c) Resampling，(d) Merging）を繰り返すことで，シミュレーションモデルを観測データとの適合度が高まるように逐次修正するデータ同化手法である．ちなみに，(d) Mergingを行わずに，粒子数と同数のサンプルをResamplingして，それを粒子として次の時刻のシミュレーションを行うデータ同化手法が粒子フィルタ（Particle Filter）である．粒子フィルタは，時間の経過に伴って粒子の種類が減少し，アンサンブル（粒子の集まり）におけるある特定の粒子の複製が占める割合が著しく大きくなり，それによって，データ同化の性能が低下するアンサンブルの退化[21]と呼ばれる現象が発生する場合がある．そのようなアンサンブルの退化を抑制するためのアルゴリズムとして提案されたのがMPFである．

6.2.3　境界条件を含む浸透解析モデルのデータ同化[20]

図6.9はMPFによって推定された浸透解析モデルを用いて平成30年7月豪雨時の現地計測データに対する再現解析を行った既往の研究の解析結果を示している[28]．同図より，解析結果は計測データを全く再現できていないことがわかる．この理由として，このシミュレーションでは，1次元解析モデルを仮定してモデル底面の境界条件を自由排水境界[29]とすることで不飽和状態のシミュレーションを行ったのに対して，平成30年7月豪雨時には現地斜面において地下水が発生し飽和状態となっていたためである．つまり，激しい豪雨が降った場合には，1次元解析モデルを仮定して底面の境界条件として自由排水境界を設定するのは適切ではなく，不飽和浸透だけでなく地下水の上昇や下降も表現できるシミュレーションモデルへと修正する必要があるといえる．ここで，地下水流動を含むシミュレーションを行う場合は，通常，3次元もしくは2次元の解析モデルが用いられることが多い．それに対して，多点で現地計測を行うと，同じ斜面であっても，雨

水の浸透挙動は地点ごとで異なる場合が多い．したがって，このような現地計測データの空間的なバラツキを考慮して3次元解析モデルを推定することは容易ではない．さらに，MPFによるデータ同化は，システムの状態に関する確率分布を多数の粒子で近似して，粒子数分のシミュレーションを並列に行うため，3次元のシミュレーションは計算負荷が膨大になる．そこで，6.2.3項では，タンクモデル[30]を参考にして，1次元解析モデルにおける底面の境界条件として浸透係数βというパラメータを導入することで，不飽和浸透から飽和状態における地下水の上昇や下降の表現を試みた事例について紹介する．

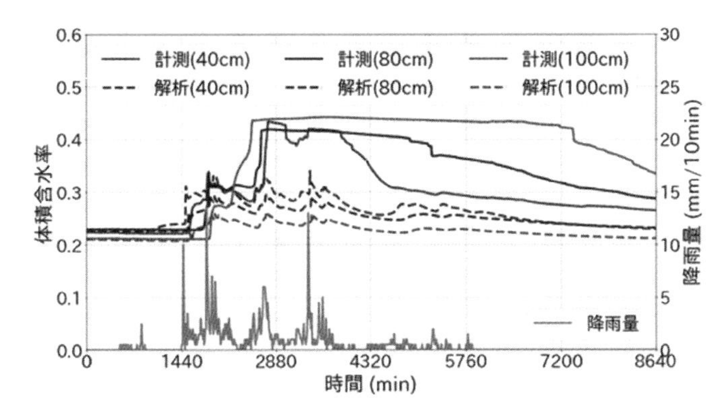

図6.9　推定された浸透解析モデルを用いた平成30年7月豪雨時の再現解析結果[2]

まず，自由排水境界[29]は，圧力勾配境界条件の一種であり，自由排水境界上の節点と境界の下の仮想節点の圧力勾配を0として，位置水頭の差によって排水を行う境界条件である．自由排水境界では，境界から排水される流束v_{out}は次式に示すように不飽和透水係数$k(\psi)$に等しい．

$$v_{\mathrm{out}} = k(\psi) \tag{6-13}$$

この流束v_{out}が大きいため，自由排水境界を用いると，1次元解析モデルの底面で地下水は発生しない．したがって，降雨量が多い場合にはモデル底面で地下水が発生し雨が止むと地下水位が低下するような浸透挙動を表現するためには，自由排水境界よりは排水量が少ないが非排水境界よりは排水量が多いような境界条件の設定が必要である．図6.10はタンクモデルの概念図を示している．同図では，簡単のため，側方への流出孔がない1段タンクモデルを示している．このタンクからの流出量Zは次式のように表される．

$$Z = \beta \times S \tag{6-14}$$

ここに，β は浸透係数，S は貯留量である．式（6-14）より，タンク内の貯留量 S が大きければ流出量 Z も大きくなり，その量を浸透係数 β というパラメータで調節していることがわかる．本研究では，この浸透係数 β を1次元解析モデルの底面の排水境界に導入することで，地下水の上昇や下降を表現するデータ同化手法を提案した．提案した排水境界条件は，次式に示すように，式（6-13）の右辺に浸透係数 β を乗じた排水境界条件である．

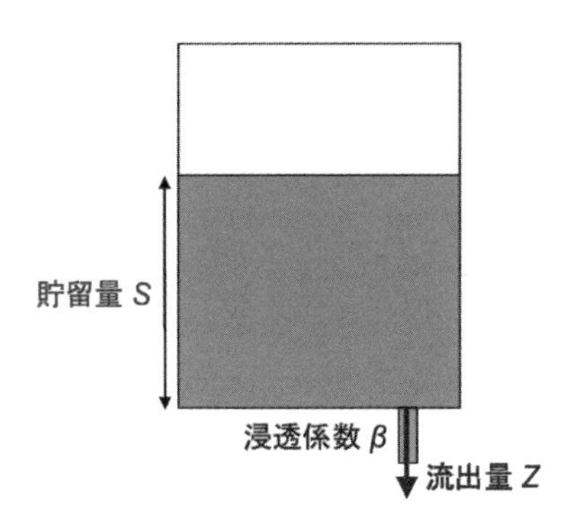

図6.10　タンクモデルの概念図

$$v_{\mathrm{out}} = \beta \times k(\psi) \qquad (6\text{-}15)$$

ここに，浸透係数 β は $0 \leqq \beta \leqq 1$ であり，$\beta = 1$ の場合，底面の境界条件は自由排水境界と一致し，$\beta = 0$ の場合，底面の境界条件は非排水境界と一致する．これにより，モデル上部からの流入量がモデル底面の排水量よりも多い場合は飽和度が増加し地下水が発生するが，上部からの流入量が排水量よりも少なくなれば水位は低下するというものである．不飽和浸透特性（θ_s，θ_r，α，n および k_s）に加えて浸透係数 β も未知パラメータとして扱って，現地計測データに基づく浸透解析モデルのデータ同化を行った．

図6.11は本研究で用いた1次元解析モデルを示している．対象斜面で行った簡易貫入試験の結果から，深度140 cm付近で N_d 値が急増したため，高さ140 cmの有限要素解析モデルとした．また，土壌水分計が3深度（40 cm，80 cm，100 cm）に設置されているため，上層，中間層，下層の3層に分割し，各土壌水分計の設置深度の中央を層境界として設定した．初期条件としては，上層には深度40 cmで計測された体積含水率の初期値 $\theta_{t=0}^{40\,\mathrm{cm}}$ を，中間層には深度80 cmで計測された体積含水率の初期値 $\theta_{t=0}^{80\,\mathrm{cm}}$ を，下層には深度100 cmで計測された体積含水率の初期値 $\theta_{t=0}^{100\,\mathrm{cm}}$ をそれぞれ与えた．データ同化の条件としては粒子数500個，観測ノイズとしては3次元正規分布を仮定した．

図 6.12 は提案手法を用いた際のデータ同化結果を示している．図 6.9 に示した結果と比較すると，浸透係数 β を導入してデータ同化を行うことで明らかに現地計測データに対する再現性が向上していることがわかる．なお，図 6.9 や図 6.12 の解析結果は粒子数分（500 通り）の浸透流解析結果の平均値 μ を示している．MPF による浸透解析モデルのデータ同化では，各時刻で粒子数分の体積含水率の値が算出されるため，図 6.13 に示すように，解析の平均値 μ だけでなく標準偏差 σ を算出し，$\mu \pm \sigma$ の範囲を把握することもできる．このような確率論的な再現や予測を行うことができるのは MPF によるデータ同化の利点である．以上のように，不飽和浸透特性に関するパラメータだけでなく境界条件に関するパラメータも MPF によるデータ同化を行って推定することで，不飽和浸透だけでなく地下水位の上昇や下降までを良好に再現できることが明らかになった．

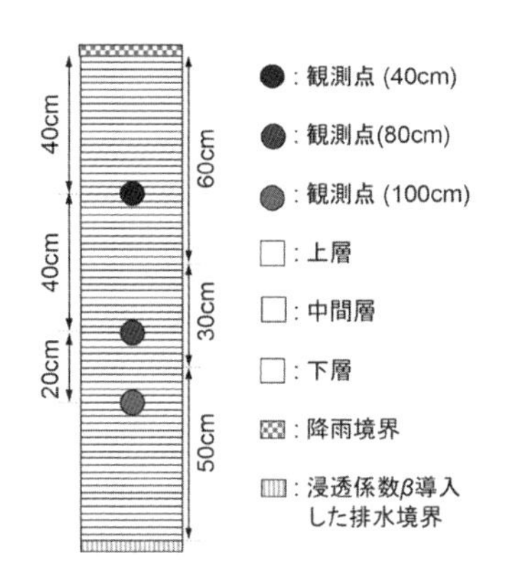

図 6.11　1 次元解析モデル [2)]

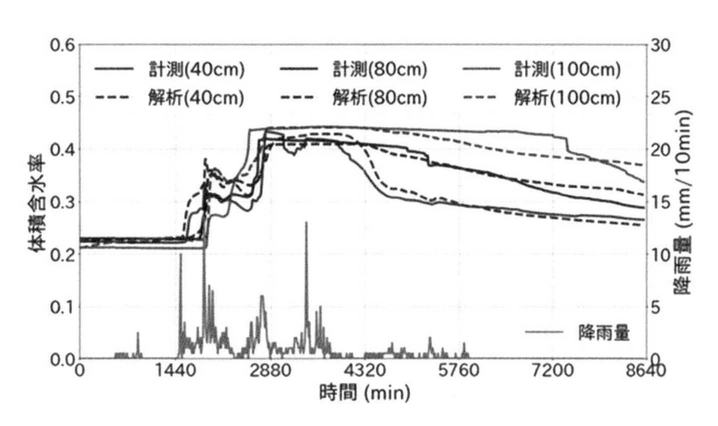

図 6.12　提案手法を用いた場合のデータ同化結果 [2)]

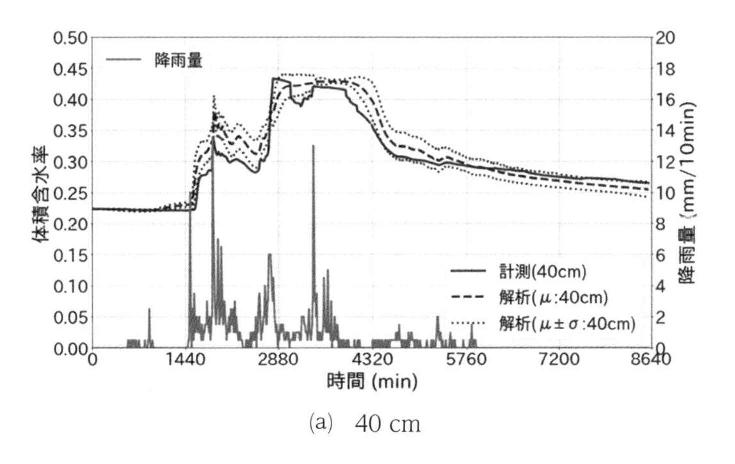

(a)　40 cm

図 6.13　データ同化によって算出された体積含水率の事後分布

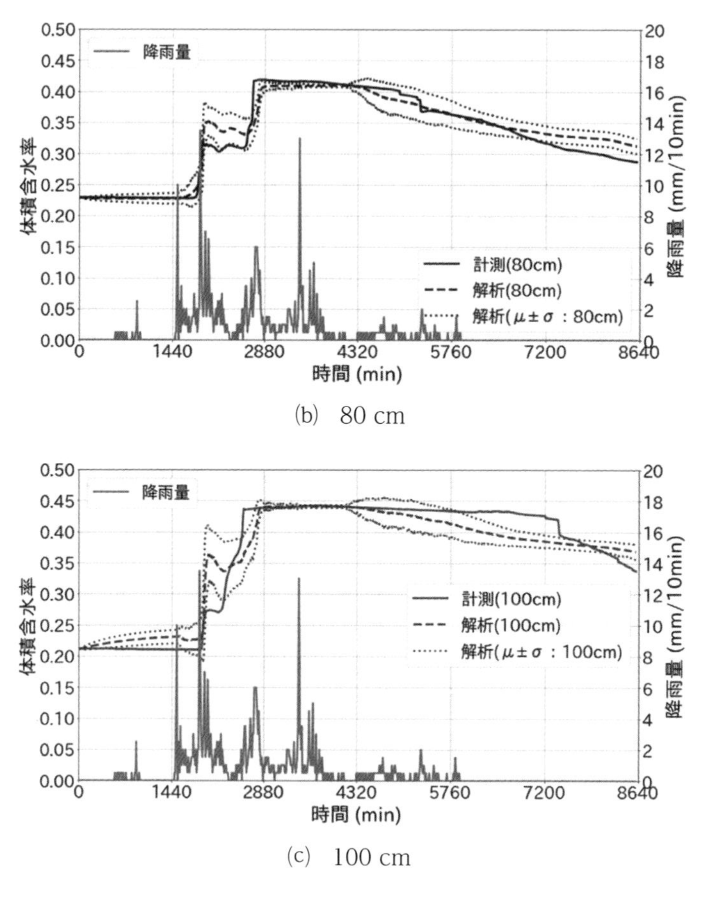

(b)　80 cm

(c)　100 cm

図 6.13　データ同化によって算出された体積含水率の事後分布

6.2.4　地下水位の現地計測データに基づくタンクモデルのデータ同化 [31)]

地下水位の現地計測データを表現するためのシミュレーションモデルは，不飽和・飽和浸透流解析だけとは限らない．例えば，より簡易的に地下水位をシミュレートするための方法として，タンクモデルを用いてその流出孔に関するパラメータをデータ同化によって求めるという方法もある．ここでは，並列タンクモデル [26)] をシミュレーションモデルとして用いてデータ同化を行った事例について紹介する．

図 6.14 は並列タンクモデルの概念図を示している．現地で計測された降雨量が左側のタンクに流入し，左側のタンクから溢れ出た流量が右側のタンクに貯留される．この右側のタンクにおける貯留量が地下水位と関係している．つまり，左側のタンクは不飽和状態での鉛直浸透による時間遅れを簡易的に表現しており，右側のタンクがそれによって生じる地下水位を表現しているといえる．タンクモデルの計算は，6.2.3 項の事例のように有限要素法で離散化して不飽和・飽和浸透流解析を行うわけではないため，シミュレーショ

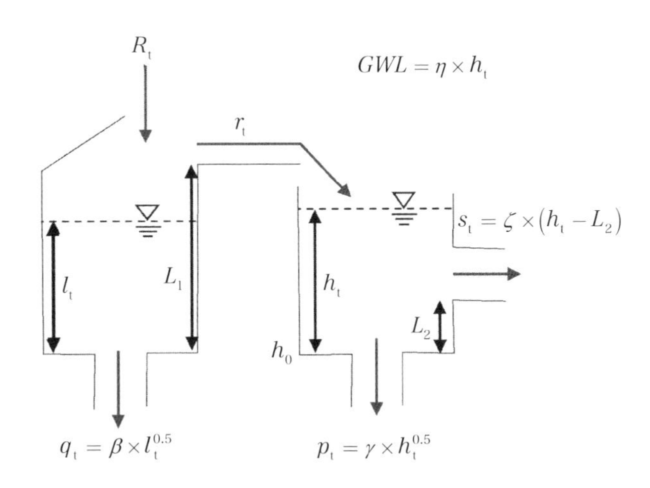

図 6.14　並列タンクモデルの概念図

ンモデルとしての導入が容易であるという利点がある．ここでの並列タンクモデルには合計 6 個の未知パラメータ（L_1，β，L_2，γ，ξ，η）があるため，これらのパラメータの事後分布を MPF によって推定することにした．

対象斜面は，とある寺社の裏斜面であり，2017 年 5 月から継続して地下水位の現地計測が行われている．図 6.15 は 2017 年における現地計測データを示しており，図 6.16 は 2018 年におけるそれを示している．2017 年 10 月 22 日頃は台風 21 号の影響，2018 年 7 月 4 日から 7 月 8 日頃までは平成 30 年 7 月豪雨の影響で地下水位が地表面近くまで上昇していることが確認できる．ここでは，2017 年の計測データを用いて並列タンクモデルのパラメータを推定し，2018 年の降雨に対する再現解析を行って推定されたモデルの妥当性について検証する．つまり，2017 年の現地計測データを学習データ，2018 年のデータをテストデータとして扱う．

図 6.17 は学習データに対するデータ同化結果を示している．データ同化に用いた粒子数は 500 個である．解析の平均値は計測データと概ね合致しており，解析のばらつきも小さい．このことから，不飽和・飽和浸透流解析よりも単純な並列タンクモデルをシミュレーションモデルとして用いても，地下水位の現地計測データを十分な精度で再現できていると考えられる．次に，推定されたモデルを用いて，2018 年のテストデータに対する再現解析を実施した．図 6.18 はその再現解析結果を示している．テストデータはデータ同化に用いていないにも関わらず，学習データと同様に，解析結果は現地計測データを概ね再現できていることがわかる．図 6.19 は平成 30 年 7 月豪雨時の再現解析結果を拡大して示した図であるが，このような激しい降雨時の計測データも十分な精度で再現できていることから，推定されたモデルは汎化性能の高いモデルであるといえる．

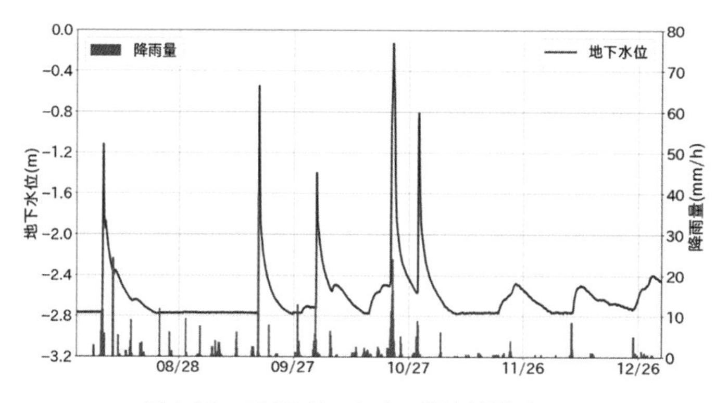

図 6.15　2017 年における現地計測データ

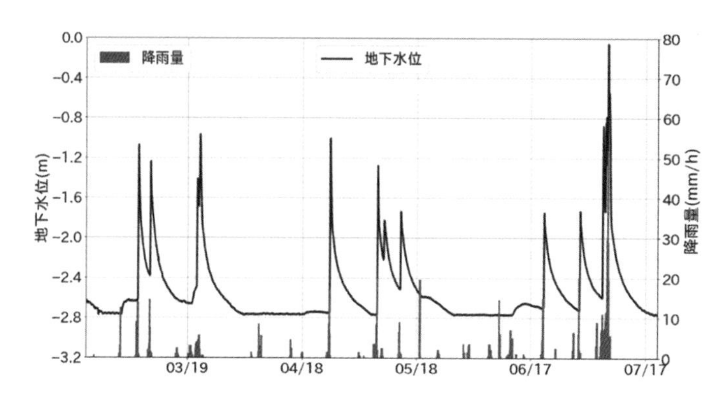

図 6.16　2018 年における現地計測データ

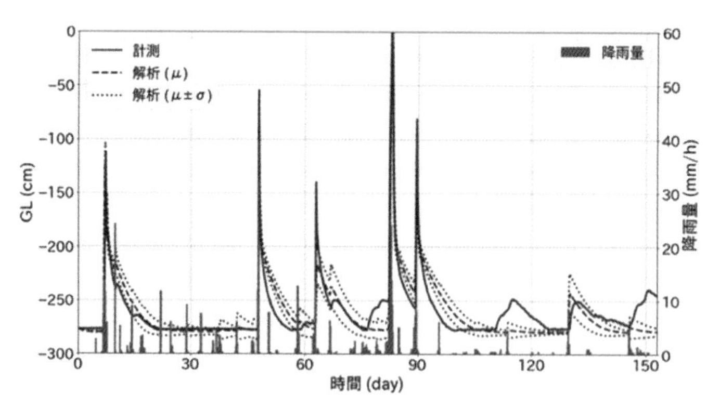

図 6.17　学習データに対するデータ同化結果

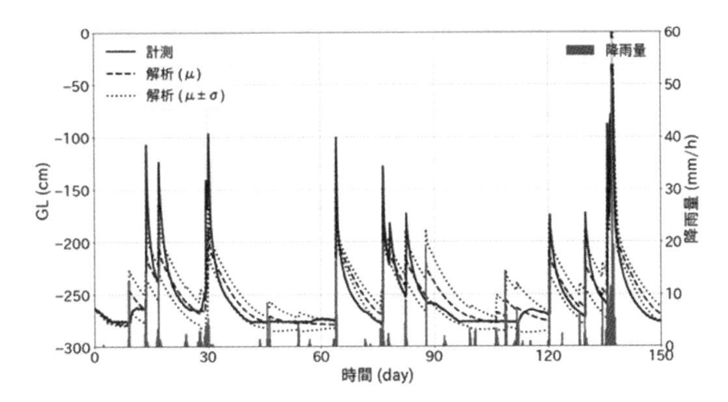

図 6.18　テストデータに対する再現解析結果

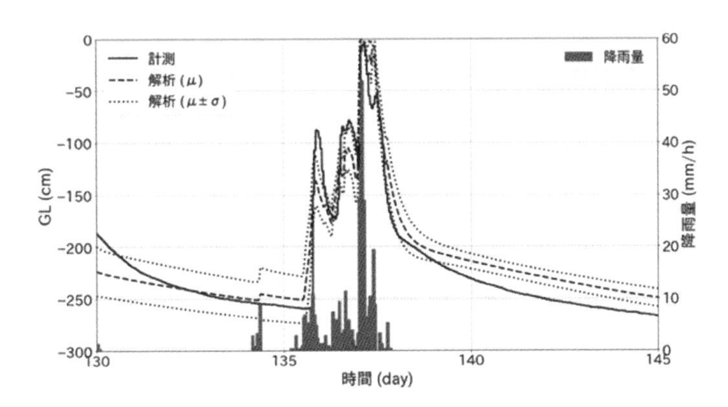

図 6.19　平成 30 年 7 月豪雨時の再現解析結果

6.2.5　まとめ

ここでは，土中水分量の現地計測データに基づく浸透解析モデルのデータ同化において，地下水位の挙動の再現を試みた研究事例を 2 つ紹介した．1 つ目の事例では，不飽和浸透特性に関するパラメータだけでなく境界条件に関するパラメータもデータ同化によって推定することで，不飽和浸透だけでなく地下水位の挙動を再現できることを示した．2 つ目の事例では，タンクモデルのような単純なシミュレーションモデルでも，データ同化によって未学習の地下水位の挙動も再現できる汎化性能の高いモデルを推定できることを明らかにした．このように，データ同化は，AI 技術の根幹をなすディープラーニングとは異なるものの，時系列データとシミュレーションモデルを繋ぎ合わせて未経験の外力が与えられた際の将来予測を行うための手法として有効である．地盤工学分野におけるその他の適用事例として，軟弱地盤における沈下問題 [32] や地盤構造物内の劣化箇所の同定 [33] などにデータ同化は用いられている．

引用文献

1）伊藤真一，松尾風雅，酒匂一成，荒木義則，岩田直樹，小泉圭吾：ニューラルネットワークを用いた桜島における侵食発生場所予測モデルの構築，第10回土砂災害に関するシンポジウム論文集，Vol. 10，pp. 61-66，2020.
2）伊藤真一，小田和広，小泉圭吾，西村美紀，檀上徹，酒匂一成：融合粒子フィルタを用いた境界条件を含む浸透解析モデルの推定手法の提案，土木学会論文集C（地圏工学），Vol. 76，No. 1，pp. 52-66，2020.

参考文献

3）独立行政法人土木研究所　土砂管理研究グループ　地すべりチーム：土木研究所資料　地すべり地における航空レーザー測量データ解析マニュアル，土木研究所資料，No.4150，2009.
4）佐藤丈晴，中島翔吾：大規模崩壊の兆候となる微地形の抽出手法－天川村における評価事例－，日本地すべり学会誌，Vol. 52，No. 3，pp. 141-145，2015.
5）Francois Chollet：PythonとKerasによるディープラーニング，マイナビ出版，2019.
6）産業技術総合研究所 地質調査総合センター：日本の活火山，桜島火山地質図（第2版），https://gbank.gsj.jp/volcano/Act_Vol/sakurajima/map/volcmap01.html.
7）伊藤真一，小田和広，小泉圭吾，酒匂一成：機械学習を用いた1kmメッシュごとの斜面崩壊に対する危険度評価：地盤工学会誌，Vol. 66，No. 9，pp. 8-11，2018.
8）内村太郎，東畑郁生，王林，山口弘志，西江俊作：斜面の傾斜変位の監視による崩壊の早期警報，地盤工学会誌，Vol. 62，No. 2，pp. 4-7，2014.
9）岩田直樹，荒木義則，笹原克夫：現地計測に基づく降雨に伴うまさ土斜面のせん断変形挙動の評価，地盤工学ジャーナル，Vol. 9，No. 2，pp. 141-151，2014.
10）小泉圭吾，藤田行茂，平田研二，小田和広，上出定幸：土砂災害監視のための無線センサネットワークの実用化に向けた実験的研究，土木学会論文集C（地圏工学），Vol. 69，No. 1，pp. 46-57，2013.
11）酒匂一成，横田祐介，里見知昭，檀上徹，深川良一：無線センサネットワークを利用した斜面内の負の間隙水圧の長期多点計測システム，土木学会論文集C（地圏工学），Vol. 74，No. 2，pp. 144-163，2018.
12）石田朋靖，相馬尅之，足立忠司，河野英一，飯竹重夫：pFの測定とその原理，土と基礎，Vol. 35，No. 1，pp. 61-66，1987.

13) 谷誠，小杉賢一郎，坪山良夫，窪田順平：森林土壌が多様な不均質性をもつ流域の流出特性に及ぼす影響の解明に向けて，日本林学会誌，Vol. 80，pp. 44-57，1998.
14) 伊藤真一，小田和広，小泉圭吾，臼木陽平：現地計測結果に基づく土壌水分特性パラメータ同定に対する粒子フィルタの適用，土木学会論文集C（地圏工学），Vol. 72，No. 4，pp. 354-367，2016.
15) 伊藤真一，小田和広，小泉圭吾：粒子フィルタによる土壌水分特性パラメータの同定に対するリサンプリングの影響，土木学会論文集A2（応用力学），Vol. 72，No. 2（応用力学論文集 Vol. 19），pp. I_63- I_74，2016.
16) 伊藤真一，小田和広，小泉圭吾，櫻谷慶治：体積含水率の現地計測結果に基づく浸透解析モデルのデータ同化，地盤工学会誌，Vol. 65，No. 10，pp. 10-13，2017.
17) 伊藤真一，小田和広，小泉圭吾，酒匂一成：安国寺裏斜面におけるデータ同化結果を活用した斜面崩壊に対する危険基準の提案，Proceedings of the Kansai Geo-Symposium 2018 地下水地盤環境・防災・計測技術に関するシンポジウム論文集，pp. 206-211，2018.
18) 伊藤真一，小田和広，小泉圭吾，藤本彩乃，越村謙正：現地計測に基づく浸透解析モデルのデータ同化に対する融合粒子フィルタの有用性の検証，土木学会論文集A2（応用力学），Vol. 73，No. 2（応用力学論文集 Vol. 20），pp. I_45-I_54，2017.
19) 伊藤真一，小田和広，櫻谷慶治，藤本彩乃，横川京香：粒子フィルタに基づくヒステリシスを考慮した土壌水分特性のデータ同化，地盤と建設，Vol. 35，No. 1，pp. 177-184，2017.
20) Ito, S., Oda, K. and Koizumi, K.: Availability of the particle filter methods on identification of soil hydraulic parameters based on field measurement, Proceedings of the 16th Asian Regional Conference on Soil Mechanics and Geotechnical Engineering (ARC16)，JGS-013，2019.
21) 樋口知之，上野玄太，中野慎也，中村和幸，吉田亮：データ同化入門－次世代のシミュレーション技術－，朝倉書店，2018.
22) Nakano, S., Ueno, G. and Higuchi, T.: Merging particle filter for sequential data assimilation, Nonlinear Processes in Geophysics，No. 14，pp. 395-408，2007.
23) Richards, L. A.: Capillary conduction of liquids through porous mediums, Physics, Vol. 1，pp. 318-333，1931.
24) van Genuchten, M. T.: A closed-form equation for predicting the hydraulic conductivity of unsaturated soils, Soil Science Society of America Journal, Vol. 44, No. 5，pp. 892-898，1980.

25）Mualem, Y.,: A new model for predicting the hydraulic conductivity of unsaturated porous media, Water resources research, Vol. 12, pp. 513-522, 1976.

26）近藤健太，高原利幸，上野勝利：危険斜面における地下水位測定を基にした危険度推定に関する検討，第51回地盤工学研究発表会，pp. 1981-1982，2016.

27）樋口知之：予測にいかす統計モデリングの基本，講談社，pp. 79-93，2015.

28）西村美紀，小泉圭吾，伊藤真一，小田和広：異常降雨時の現地計測データに基づく浸透解析モデルのデータ同化の再現性の検証，第54回地盤工学研究発表会，pp. 1765-1766，2019.

29）斎藤広隆，坂井勝，Jiri Simunek，取出伸夫：不飽和土中の水分移動モデルにおける境界条件，土壌の物理性，No. 104，pp. 63-73，2006.

30）Y. Ishihara and S. Kobatake: Runoff model for flood forecasting, Bulletin of the Disaster Prevention Research Institute, Vol.29, No.1, pp.27-43, 1979.

31）小田和広，伊藤真一，矢野晴彦，馬場咲也子：京都府綾部市安国寺裏斜面における地下水位の動態モニタリング結果に基づくタンクモデルのデータ同化，第55回地盤工学研究発表会，2020.

32）珠玖隆行，村上章，西村伸一，藤澤和謙，中村和幸：粒子フィルタによる神戸空港沈下挙動のデータ同化，応用力学論文集，Vol. 13，pp. 67-77，2010.

33）珠玖隆行，西村伸一，藤澤和謙：データ同化による地盤構造物内の劣化箇所同定に関する基礎的研究，土木学会論文集A2（応用力学），Vol. 68，No. 2（応用力学論文集 Vol. 15），pp. I_89-I_101，2012.

7 GAによるライフラインネットワークの復旧計画策定

7.1 はじめに

本章では，防災分野への遺伝的アルゴリズム（Genetic Algorithms：GA）の応用例として，ライフラインネットワークの復旧計画策定問題を紹介する．復旧計画策定問題は，震災などで被災したライフラインネットワークに対して，早期復旧を目的とした復旧計画を策定する問題である．首都直下地震や南海トラフ巨大地震などの大規模広域災害に対応するには，道路などライフラインネットワークの早期復旧が必要不可欠である．人命救助や救急搬送，緊急物資の輸送やライフラインの復旧活動を開始するには，道路のアクセス機能の確保が前提となる．本章では，復旧計画策定問題を取り上げ，通常，論文ではあまり述べることのないプログラムの実装面の詳細を記述する．

本章の構成を以下に示す．7.2 節では，ライフラインネットワークの復旧計画策定問題の概要を説明し，続く 7.3 節ではこの問題の関連研究について説明する．7.4 節では復旧計画策定問題の簡単な例と標準的な解法を示し，7.5 節において Python による実装例を説明する．

7.2 ライフラインネットワークの復旧計画策定問題

復旧計画策定問題は，震災などで被災した道路，電気，ガスや上下水道などのライフラインネットワークに対して，早期復旧を目的とした復旧計画を策定する問題である．

首都直下地震や南海トラフ巨大地震では，強い揺れや津波による河川や護岸堤防などの崩壊，液状化や地盤沈下による浸水被害，地震の揺れや津波による落橋や橋梁段差の発生による橋梁被害，落石や自然斜面の崩壊，盛土法面の崩壊，耐震化の進んでいない建物の倒壊や放置車両の発生などにより，道路が寸断される可能性が想定されている[2),3)]．防災対策上は，こうした被害が発生しないように最新の技術を投じて補強することは効果的ではあるが，経済的には現実的ではない．したがって，被災から早期に復旧するための対策の検討も必要である．

ライフラインネットワークの中でも，道路の早期復旧は地域全体の早期復旧において重要な役割を果たす．道路には，沿道の電線電柱，水道管やガス管などの埋没管，電話やインターネット通信設備など主要なライフライン設備が付随している．また，人命救助や救急搬送，緊急物資の輸送やライフライン復旧など，各種の復旧活動は，道路のアクセス機能の確保が前提となる．このため，被災した道路の早期復旧計画の策定は重要な課題となる．特に，大規模災害においては複数の道路が同時に寸断される可能性も高く，早期復旧を目指す上では，優先して復旧する道路を事前に議論し決定しておくことが望ましい．

一般に，災害直後から，避難，救助や物資供給などの応急活動のために緊急車両の通行を確保すべき重要な路線として，緊急輸送道路が指定されている[4)]．緊急輸送道路の指定は，地域防災計画に明記されており，各都道府県は，高速道路や一般国道およびこれらを連絡する幹線道路を緊急輸送道路として指定している．緊急輸送道路は，利用特性により第１次緊急輸送道路ネットワークから第３次までの区分がある．第１次は県庁所在地，地方中心都市および重要港湾，空港などを連結する道路，第２次は第１次緊急輸送道路と市町村役場，主要な防災拠点を連絡する道路，第３次はその他の道路が指定される．

災害発生後の復旧過程は，発災直後に緊急点検を実施し被害状況を把握した後，啓開期，応急復旧期，本復旧期，復興期を経る（図 7.1 参照）．大規模災害では，応急復旧を実施する前に，緊急車両などの通行のため，最低限のがれき処理や簡易な段差修正など道路上の障害物の撤去を実施し，上記の緊急輸送道路や救援のためのルートを確保する道路啓開作業が実施される[5)]．東日本大震災においては，「くしの歯作戦」が展開され，緊急輸送道路の確保が実施された[6),7)]．「くしの歯作戦」では，東北地方を南北に繋ぐ東北自動車道と国道４号を基軸とし，太平洋方向に向かって沿岸地域に通じる横軸の確保，その後，沿岸地域を南北に繋ぐ国道 45 号および６号の主要道の確保が実施された．東日本大震災では，３月 11 日の発災後，３月 18 日時点で道路啓開作業がおおむね終了し，３月 18 日より応急復旧の段階に移行している[7)]．「くしの歯作戦」を参考に，首都直下地震においては「八方向作戦」[2)]，南海トラフ巨大地震においては四国地方では「四国おうぎ（扇）作戦」[3)]などの方針が計画されている．

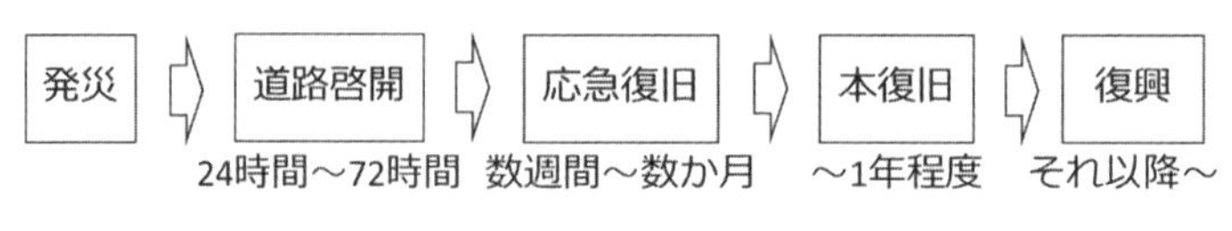

図 7.1　道路の復旧過程

このように啓開期の全体方針が示されているが，被災前と被災後の両面において，復旧過程の妥当性や有用性を分析することが重要である．被災前においては，様々な被災条件の下で早期復旧計画を策定することで，計画の実行可能性を検討できる．また，被災後においては，実際に発生した被害条件の下で早期復旧計画を策定できれば，効果的な復旧作業の実現に繋がる．

復旧計画策定問題では，被災したネットワークおよび作業ごとの復旧班を設定し，早期復旧を目的とした復旧計画を策定する．このとき，複数ある被害箇所をどの復旧班が担当すればよいか（復旧班の適正な配分），担当する被害箇所はどの順番で着工すればよいか（適正な着工順序）について，最も復旧効果が高くなる組み合わせを決定する必要がある．また，復旧には，道路上を通行可能とする道路啓開作業だけでなく，啓開後の復旧作業や，電気・水道・ガスなどのライフライン復旧など複数の作業も考慮しなければならない．さらに，被災直後は道路が寸断されているため担当可能な被害箇所も限られるが，復旧の進展により通行可能な道路が増加すると，担当可能な被害箇所も多くなるなど，環境も動的に変化する．したがって，すべての組み合わせを網羅して最適な早期復旧計画を策定するのは非常に困難となる．そこで，組み合わせ最適化問題の効率的かつ効果的な解法であるGA が，この問題の有用な解法のひとつとなる．

7.3 関連研究

土木分野におけるGA の適用研究は1992 年頃から報告されている[8)]．GA を応用した研究には，構造物の設計，橋梁維持管理システム，道路整備計画策定や災害復旧計画など，数多く報告事例がある[8)]．

本章で扱う復旧計画策定問題に関する研究は，国内の論文誌では1996 年頃から報告されている．初期の研究では，復旧計画策定問題をGA で解くことの有用性が検証されている．佐藤と一井[9)]は，GA を用いて復旧の優先順位と復旧班の配分を実施するライフライン網の復旧過程の最適化を試みている．彼らは復旧の優先順位と復旧班の配分について，GA を用いた段階的な解法を示しており，ランダムサーチと比較した有用性を検証している．続いて，杉本らの研究[10)]では，復旧の優先順位と復旧班の配分を同時に解く手法を提案している．杉本らの研究グループ[10)-12)]では，GA による復旧計画策定手法の定式化や，復旧班の協力関係を考慮するなど，GA によるライフラインネットワークの復旧計画策定の基本となる枠組みを提案している．

その後，古田や中津らの研究グループ[13)-19)]では，ライフサイクルコスト低減と安全性の向上などの多目的の考慮[13)]や大規模問題への対応[14)]が議論されている．特に，災害時の不確実に対応するための計画策定手法を中心とした研究[15)-19)]が多い．

ライフラインネットワークには，道路復旧以外にも，電気，ガス，上下水道や情報通信のネットワークも含まれる．道路復旧以外を考慮した研究として水道ネットワーク[18]や，ライフライン網の相互連関[20]が考慮された研究事例もある．また，GA は問題の規模が大きくなるにつれて，計算時間がかかることが課題であるが，これを解消するため並列化 GA による高速化に取り組む研究[21]もある．著者の研究グループでは，従来，被災後を対象に検討されていた復旧計画策定問題を被災前の事前検討に応用する研究[1),22),23]を実施している．

7.4 復旧計画策定問題の概要と解法

7.4.1 復旧計画策定問題の概要

本節では，杉本らの手法[10]をもとに GA による復旧計画策定手法問題の解法を説明する．本節では，復旧計画策定問題の概要を理解してもらうことを目的とし，簡単な被災モデルを用いて説明する．この問題は総当たりで組み合わせを調べることで厳密解を求めることができるため, GA を用いて問題を解く必要はない．しかし, 問題の規模が大きくなった場合は，組み合わせ数が膨大になり，GA を用いることが有用となる．

本問題では，震災により被災した道路ネットワークの早期復旧を考える．本問題では，遮断物撤去作業と道路補修作業の 2 種類の作業を考慮する．2 つの作業には被害の時間的階層性が含まれる．道路上には車両の通行を阻害する遮断物が発生し，遮断物を撤去しなければ道路本体自身の復旧作業が行えないものとする．この条件の下，道路上の遮断物を撤去し，道路補修を実施する早期復旧計画を策定する．この問題を解くには，2 つの作業を実施する復旧班が，どの道路の復旧を担当するのか，どの順番で道路を復旧すればよいかという復旧班の適正な配分と適正な着工順序を同時に決定しなければならない．復旧班の配分と着工順序には，膨大な数の組み合わせが考えられるため，組み合わせ最適化問題の解法として有用な GA を用いる．

復旧計画策定における GA の流れを図 7.2 示す．基本的には標準的な GA の流れと同様である．GA の個体は復旧計画を表す遺伝子列である．遮断物撤去作業の復旧計画と道路補修作業の復旧計画を GA の遺伝子列で表し，復旧班の適正な配分と適正な着工順序を復旧シミュレーションにより評価しながら解を探索する．個体の適応度は復旧シミュレーションにより付与される．具体的には，遺伝子列で表現した復旧計画を入力し，復旧シミュレーションを実施して復旧完了までの進捗に応じた適応度が付与される．

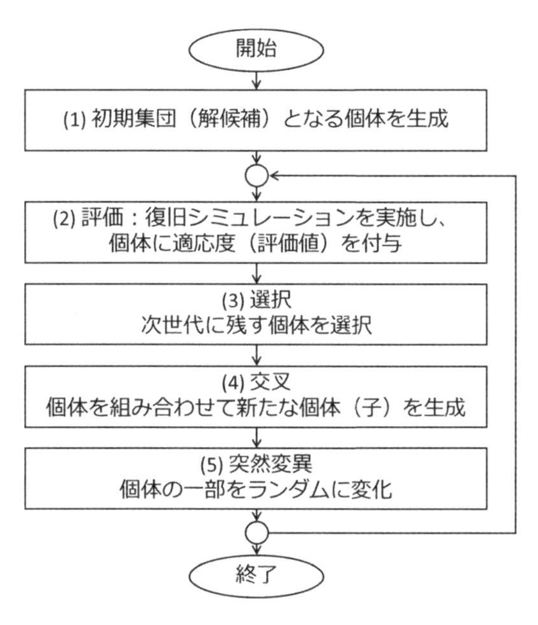

図 7.2　復旧計画策定の流れ [1)]

GA による復旧計画策定のイメージを図 7.3 に示す．GA の遺伝子列で表現された復旧計画を入力すると復旧シミュレーションは図 7.3 に示すような復旧計画表を出力する．復旧計画表は，復旧班ごとに担当すべき被害箇所を示している．たとえば，図 7.3 の計画表は，全体では 6 日で完了する復旧計画である．遮断物撤去作業の 1 班は 1 日目から 2 日目に被害箇所 3 番の作業を担当し，3 日目から 4 日目に被害箇所 4 番の箇所を担当する．次の作業が割り当たっていても，被害箇所に到達できない場合に作業待ちの状態となる．その後，5 日目は作業待ちとなり，6 日目に被害箇所 5 番を担当する．

遮断物撤去作業									
担当作業					担当班				
1	3	4	5	2	2	1	1	1	2
道路補修作業									
担当作業					担当班				
3	4	5	1	2	1	3	3	2	1

計画表を表す遺伝子列

⇨　復旧シミュレーション　⇨

日数		1	2	3	4	5	6
遮断物撤去作業	1班	3		4			5
	2班	1			2		
道路補修作業	1班	3			2		
	2班			1			
	3班		4		5		

復旧計画表

図 7.3　GA による復旧計画策定のイメージ

7.4.2　被災モデルの設定

被災モデルは，道路ネットワークおよび，作業ごとの復旧班と被害箇所の組から構成される．道路ネットワークは，9ノード，12リンクからなる格子状のネットワークとする．図7.4の灰色の丸がノードを表す．灰色の丸の数字はノードIDを表す．すべてのリンクの長さは等しく1とする．

道路ネットワークが震災により被災したとして，道路ネットワーク上に遮断物撤去作業と道路補修作業の2種類の作業を設定する．各作業は作業を実施する復旧班と被害箇所の組で構成される．遮断物撤去作業と道路補修作業の復旧班の能力値や被害箇所の被害量を表7.1から表7.4に示す．復旧班は復旧の能力値，被害箇所は被害量を保持する．復旧班はノード上に設置，被害箇所はリンク上に設置する．復旧班の待機場所はノード番号，被害箇所の発生場所は被害が発生したリンクの両端ノード番号である．図7.4では，遮断物撤去作業は黒色，道路補修作業は白色で示す．復旧班は丸，被害箇所は四角で示し，図形内の番号は表7.1から表7.4のIDと対応する．

2つの作業には時間的階層性があり，同じリンクに遮断物撤去作業と道路補修作業がある場合，先に遮断物撤去作業を実施しなければ道路補修作業を実施できない．また，遮断物撤去作業が発生している道路は通行できないものとする．

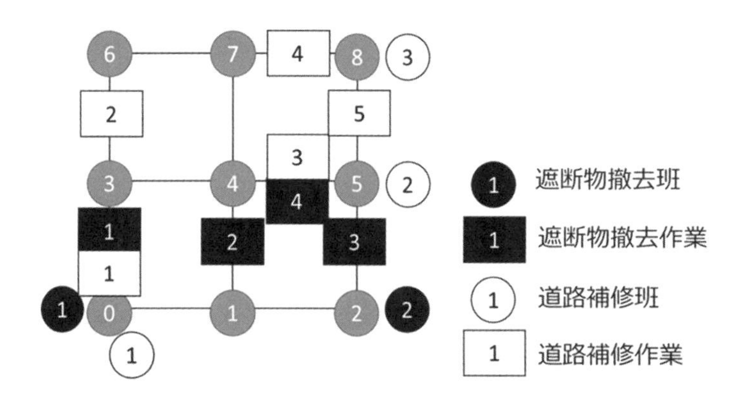

図7.4　対象ネットワーク

表7.1　遮断物撤去班

ID	能力値	待機場所
1	15	0
2	30	2

表 7.2　遮断物撤被害

ID	被害量	発生場所
1	153	0-3
2	313	1-4
3	526	2-5
4	444	4-5

表 7.3　道路補修班

ID	能力値	待機場所
1	10	0
2	20	5
3	25	8

表 7.4　道路補修作業

ID	被害量	発生場所
1	146	0-3
2	366	3-6
3	611	4-5
4	145	7-8
5	312	5-8

7.4.3　復旧シミュレーションの概要

復旧シミュレーションにおいて，復旧班の能力値は数値で表し，数値が大きいほど復旧能力があるとする．被害量も数値で表し，数値が大きいほど被害が大きいとする．復旧工事の完了に要する復旧日数 d は式（7-1）によって求められる．

$$d = \frac{h}{t_1} \tag{7-1}$$

ここで，h は作業を完了するのに必要な時間であり，t_1 は，復旧班の 1 日の作業時間である．復旧時間 h は，被害規模と復旧能力の関係から算出する．復旧班の 1 日の作業時間である t_1 は式（7-2）によって定義される．

$$t_1 = t_0 - 2t_m - h_c \tag{7-2}$$

ここで，t_0 は，移動時間も含めた 1 日の労働時間，t_m は移動に要する時間で，h_c は作業のために必ずかかる準備時間である．復旧班の移動距離は，ワーシャル・フロイド法[24]により最短距離を求める．道路ネットワークが復旧するごとにノード間の最短距離を更新する．

杉本らの手法[10]では，小規模，中規模，大規模の被害規模によって，復旧時間が異なるモデルを採用している．本復旧計画策定では，中規模被害に相当するモデルのみとする．すなわち，復旧時間は復旧班の能力値に応じて減少する．同様に，従来手法では，復旧班の常駐箇所から被害箇所までの移動時間を考慮しているが，ここでは移動時間は考慮せず，一律8時間作業するものとする．この条件では，1日あたり，復旧班の能力値×8時間の被害量が減少することとなる．被害量が0になると，その被害箇所は復旧完了となる．

7.4.4　GAによる復旧計画策定

(1)　コーディングルールと遺伝的操作

復旧計画策定問題におけるコーディングルールを図7.5に示す．本復旧計画策定は，遮断物撤去作業と道路補修作業の2種類の作業を扱う．コーディングルールは，遮断物撤去作業と道路補修作業ごとに順序部と担当班部の組から構成される．順序部と担当班部の遺伝子の長さは同じであり，被害箇所数と一致する．順序部の遺伝子の値は，被害箇所の番号であり，遺伝子の位置が左にある被害箇所を先に担当する．担当班部の遺伝子の値は，復旧班の番号であり，順序部と担当班部の遺伝子の位置が一致する被害箇所を担当することを表す．

コーディングルールでは，復旧班の配分と復旧順序のみを表す．遮断物撤去作業と道路補修作業の時間的階層性は，目的関数を計算する復旧シミュレーションにおいて考慮する．なお，本復旧計画策定は，遮断物撤去作業と道路補修作業を扱っているが，遺伝子列を増やすことで3つ以上の作業も考慮できる．

遮断物撤去作業									
順序部					担当班部				
1	3	4	5	2	2	1	1	1	2
道路補修作業									
順序部					担当班部				
3	4	5	1	2	1	3	3	2	1

(a)　遺伝子列

復旧作業	担当班	担当作業の着工順
遮断物撤去作業	1班	3 → 4 → 5
	2班	1 → 2
道路補修作業	1班	3 → 2
	2班	1
	3班	4 → 5

(b)　遺伝子列の意味

図7.5　コーディングルール[1]

GAの選択方法はトーナメント戦略を用い，交叉方法は順序部ではスケジューリング問題に用いられる部分一致交叉を用い，担当班部では二点交叉を用いる．突然変異は順序部では任意の 2 つの遺伝子を入れ替え，担当班部では任意の遺伝子の担当班を変更する．

⑵　目的関数

目的関数では，復旧計画の良さを評価する．復旧計画を検討するうえで，どのような計画を良い計画とするかは非常に重要な課題である．一般に，復旧計画策定問題では，最適性の評価基準として，累積非復旧率が採用される．復旧計画策定問題の目的関数には，図 7.6 に示す累積非復旧率の最小化が設定される．累積非復旧率は，図 7.6 に示すように縦軸を復旧率，横軸を復旧日数として，復旧率の総和を全体から引いたものである．これにより，単に復旧日数を短くするのではなく，重要度の高い作業から復旧する計画が策定される．累積非復旧率の計算式を式（7-3）と式（7-4）に示す．

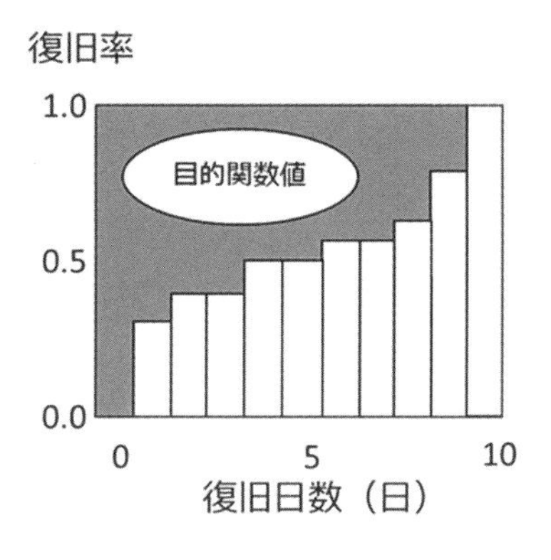

図 7.6　GA の目的関数 [1)]

$$fitness = \sum_{t=1}^{T} \left(1 - \left(R_1(t) + R_2(t)\right)\right) \tag{7-3}$$

$$R_*(t) = \frac{\sum_{\mathrm{i} \in \mathrm{D}^{\mathrm{t}}} d_{\mathrm{i}} \times w_{\mathrm{i}}}{\sum_{\mathrm{i} \in \mathrm{D}^{0}} d_{\mathrm{i}} \times w_{\mathrm{i}}} \tag{7-4}$$

式（7-3）において，T は復旧完了日数，$R_1(t)$ は t 日目における遮断物撤去作業の復旧率，$R_2(t)$ は t 日目における道路補修作業の復旧率を表す．評価値は計画終了までの非復旧率 $1-\left(R_1(t)+R_2(t)\right)$ の合計で表される．評価値が小さいほど早期に復旧する良い計画となる．式（7-4）において，t 日目の各作業の復旧率は，全道路の被災量の合計に対する t 日目までに復旧した道路の被災量の割合で表す．ここで，D^0 は被災を受けた道路番号の集合，D^t は t 日目までに開通した道路番号の集合を表す．i 番目の道路の被災量は，被害量 d_i と道路の重要度 w_i の積で表す．これにより，被害量と道路の重要度の両方を考慮した復旧計画を策定する．なお，式（7-4）で示す復旧率の計算は，$R_1(t)$ と $R_2(t)$ で同様のため，まとめて $R_*(t)$ と表記している．

7.5 Pythonによる復旧計画策定問題の実装例

7.5.1　プログラムの概要

本節では，7.4節で示した復旧計画策定について，Pythonによるプログラムの実装例を示す．本節のプログラムも2章のGAの説明と同様に進化計算フレームワークのDEAP（Distributed Evolutionary Algorithms in Python）[25), 26)]を用いる．開発環境はWindows 10, Pythonの環境はWindows版のAnacondaを用いる．Pythonのバージョンは3.8.8，DEAPのバージョン1.3.1を用いる．本節ではプログラムの概要を説明し，プログラム全体は付録に掲載する．本プログラムは，復旧シミュレーションを実装したsimulation.pyとGAを実装したga.pyの2ファイルで構成される．以降では，付録のsimulation.pyおよびga.pyの行番号を適宜参照しながら説明する．

7.5.2　被災モデルの定義（simulation.py）

本節では，7.4.2項で示した被災モデルの実装を説明する．本プログラムでは，被災モデルをデータ記述言語のひとつであるJSON（JavaScript Object Notation）形式で実装している．JSONは{…}の中にキー（変数名）と値をコロン（：）で区切ってデータを定義する．Pythonではディクショナリ型のオブジェクトとしてJSON形式のデータを利用できる．

simulation.pyの12行目から42行目が7.4.2項で示した被災モデルの実装例である．JSON形式で定義した被災モデルを変数simulation_modelに格納している．被災モデルは，道路ネットワークを表すnetwork（15～25行目）と復旧作業を表すworkset（28～41行目）から構成される．

道路ネットワークは，隣接行列の形式で定義する．隣接行列とは，ネットワークの行列による表現の1つである．ネットワークのノード数を N とすると，隣接行列は N 行 N 列の正方行列の形式をとり，行列の要素でネットワークの接続の有無を表現する．i 番目のノードと j 番目のノードに接続関係があるとき1，接続関係がないときに0とする．図7.4のネットワークモデルは9ノードのため，9行9列の正方行列で定義される．ここでは，行列の要素は接続の有無ではなく，2点間の距離とする．本モデルではネットワークの距離はすべて等しく1とし，通行できない箇所は9とする．

workset は配列であり，遮断物撤去作業と道路補修作業の２つの作業が定義されている．各作業は作業名（name），復旧班の配列（worker），作業の配列（work）から構成される．復旧班は ID，能力値（ability），復旧班の位置（ref_id）により定義する．復旧班の位置（ref_id）は，復旧班が存在するノード ID を表す．被害箇所は ID，被害量（damage），被害箇所の位置（ref_id）により定義する．被害箇所はリンク上にあるため，被害箇所の位置（ref_id）はリンクの両端ノード ID を保持する．

本プログラムでは simulation.py の 12 行目から 42 行目に JSON 形式でソースコード中に被災モデルを定義したが，問題を大規模にする場合には CSV ファイルなどの外部ファイルからの読み込みやデータベースの利用などを用いる．

7.5.3　コーディングルール（simulation.py）

本項では，GA のコーディングルールの実装を説明する．Python によるコーディングルールの表現を図 7.7 に示す．Python による実装では，遺伝子型をリスト型，表現型をディクショナリ型で実装する．また，後述するように，DEAP に用意されている遺伝的操作の関数を用いる関係で，少し複雑な実装となる．

7.4.4 項で説明したように，復旧計画策定問題のコーディグルールは，遺伝子列は作業ごとに順序部と担当班部の組から構成される．遺伝子型は Python のリスト型を用いる．図 7.7 に示すように順序部と担当班部の組のリストで表現している．リスト型の要素は，復旧班および被害箇所の配列の添字となる．以下では，遮断物撤去作業の例を用いながらコーディングルールの実装を説明する．遮断物撤去作業（29 ~ 34 行目）は，復旧班 2 班（31 行目），被害箇所 4 箇所（32 ~ 33 行目）である．順序部は，被害箇所 4 箇所「0，1，2，3」のランダムな順列のリストである．順序部の 0 から 3 の値は，被害箇所の配列（32 ~ 33 行目）の位置を表す．担当班部は，0 番目の復旧班または 1 番目の復旧班いずれかの値を持つ長さ 4（被害箇所数）のリストである．図 7.7 の例では，順序部のリストが「3，0，2，1」，担当班部のリストが「1，0，1，1」となっている．この意味は次の通りである．順序部のリストの 0 番目と担当班部のリストの 0 番目より参照し，3 番目の被害箇所を 1 番目の復旧班が担当，0 番目の被害箇所を 0 番目の復旧班が担当，2 番目の被害箇所を 1 番目の復旧班が担当，1 番目の被害箇所を 1 番目の復旧班が担当となる．最終的に，この例では，0 番目の復旧班は 0 番目の被害箇所，1 番目の復旧班は 3 番目，2 番目，1 番目の被害箇所を担当することとなる．

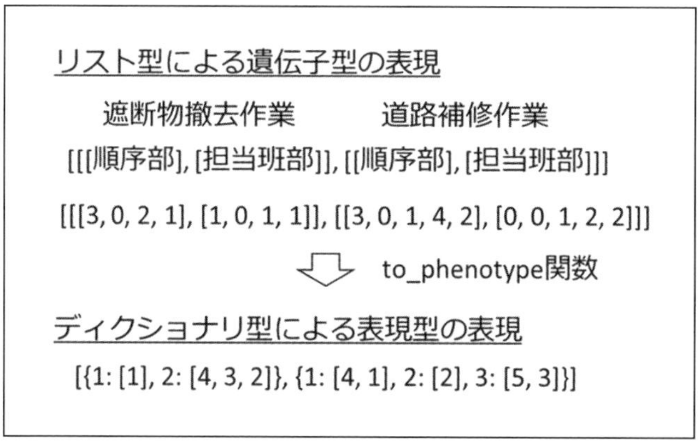

リスト型による遺伝子型の表現

遮断物撤去作業　　道路補修作業

[[[順序部], [担当班部]], [[順序部], [担当班部]]]

[[[3, 0, 2, 1], [1, 0, 1, 1]], [[3, 0, 1, 4, 2], [0, 0, 1, 2, 2]]]

⇩ to_phenotype関数

ディクショナリ型による表現型の表現

[{1: [1], 2: [4, 3, 2]}, {1: [4, 1], 2: [2], 3: [5, 3]}]

図7.7　Pythonによるコーディングルールの表現

表現型はPythonのディクショナリ型を用いる．表現型では，ディクショナリ型の要素が復旧班および被害箇所のIDとなる．遺伝子型では，リスト型の要素が復旧班および被害箇所の配列の添字であった点に注意されたい．遺伝子型から表現型への変換はsimulation.pyの200行目より定義されるto_phenotype関数を用いる．to_phenotype関数は，作業ごとに順序部と担当班部を取り出し，復旧計画をディクショナリ型の表現に置き換える．復旧計画はディクショナリ型を要素とする配列であり，配列の0番目が遮断物撤去作業，配列の1番目が道路補修作業を表す．ディクショナリ型のキーは復旧班のIDであり，値は担当する被害箇所のIDの配列である．配列の添字が小さいほど，先に担当する被害箇所を表す．図7.7の遮断物撤去作業の遺伝子型では，0番目の復旧班は0番目の被害箇所，1番目の復旧班は3番目，2番目，1番目の被害箇所を担当する復旧計画であった．これを表現型に表すと，配列の0番目の復旧班すなわちIDが1の復旧班（31行目参照）が，0番目の被害箇所すなわちID1の被害箇所（32行目参照）を担当する．

本実装は少し複雑になっている．すなわち，リスト型による遺伝子型では，各要素は復旧班および担当作業の配列の添字を要素とし，ディクショナリ型による表現型では，各要素は復旧班および被害箇所のIDを要素としている．遺伝子型のリスト中の値も，復旧班および被害箇所のIDとした方が，遺伝子型と表現型の対応が自然であるが，DEAPの仕様上の理由で上記の実装としている．本プログラムでは，交叉においてDEAPに用意されている部分一致交叉（deap.tools.cxPartialyMatched関数）を用いている．cxPartialyMatched関数は，引数1と引数2に交叉対象となる親個体2個を必要とするが，これらが0から始まるシーケンス型を期待しているため，遺伝子型を0から始まる配列の要素としている．

最後に，simulation.py の 180 行目より定義される individual_factory 関数は，遺伝子型の復旧計画をランダムに作成する．individual_factory 関数は GA の初期個体の生成に用いる．

7.5.4　復旧シミュレーション（simulation.py）

本項では，復旧シミュレーションの実装を説明する．復旧シミュレーションは simulation.py の simulation 関数（59 ～ 177 行目）において実装される．simulation 関数は，引数 1 に individual，引数 2 に simulation_model が必要である．引数 1 の individual は復旧計画を表現する遺伝子型，引数 2 はシミュレーションに用いる被災モデルである．simulation 関数の出力は，復旧シミュレーションの評価値である．具体的には，図 7.6 の目的関数において示した累積非復旧率であり，0 に近いほど早期に復旧する復旧計画を意味する．

simulation 関数の流れを以下で説明する．まず，復旧シミュレーションの事前準備を説明する．69 行目では，復旧計画をリスト型の遺伝子型の表現から，ディクショナリ型の表現型に変換する．この変換には to_phenotype 関数を用いる．72 行目では，変数 model を定義し，被災モデルを表す変数 simulation_model の値を複製する．以降の復旧シミュレーションは，変数 model の値を書き換えながら進行する．75 ～ 79 行目では，被災モデルのネットワークに対して，遮断物撤去作業のあるリンクを通行不可とし，ネットワークのノード間の最短距離を計算する．75 ～ 78 行目では，被害により通行できないリンクを設定する．遮断物撤去作業の被害箇所の位置を参照し，該当する隣接行列の要素に通行できない箇所を表す 9 を代入する．79 行目では，ワーシャル・フロイド法により各ノード間の最短経路の距離を計算する．ワーシャル・フロイド法は，ネットワークのすべてのノード間の最短経路を算出するアルゴリズムである．本シミュレーションでは，簡単のため，ネットワークの距離をすべて 1 と設定する．ネットワークが到達できない場合はコストを無限大や大きい値を設定するが，簡単のため 9 と設定している．82 ～ 84 行目では，評価値計算に用いるため，遮断物撤去作業，道路補修作業の作業量の合計し，総作業量を求める．87 ～ 94 行目では，復旧計画表出力用の変数 str_schedule を宣言する．変数 str_schedule はディクショナリ型とし，作業ごとに復旧班 ID をキー，1 日ごとの担当作業の配列を値とする．1 日ごとの担当作業の配列には，被害箇所 ID を保存する．以降の復旧シミュレーションの中で，変数 str_schedule には復旧班ごとに 1 日ごとに実施した復旧の被害箇所 ID を保存する．

次に，復旧シミュレーションの主要部分（97 ～ 167 行目）を説明する．復旧シミュレーションのメインループは 97 行目より開始し，シミュレーションを 1 日ごとに進める．復旧シミュレーションは，103 行目から始まる作業種別（遮断物撤去作業，道路補修作業）のループ，104 行目から始まる復旧班ごとループから構成される．まず，復旧計画表から次に実施予定の被害箇所 ID を取得する．担当可能な被害箇所がなく，すべての復旧作業が完了している場合は，作業待ちとする（106 ~ 111 行目）．復旧計画表では作業待ちを文字「*」により表す．次に，復旧班が担当の道路被害に到達可能かどうかを調べ，到達可能な場合は作業を実施する（119 ~ 139 行目）．復旧班が 1 日の実施する復旧量は，復旧班の能力値 × 8（時間）とし，被害量から復旧量を減算する（129 行目）．遮断物撤去作業については，被害箇所の復旧が完了したとき（被害量が 0 になったとき），該当の被害リンクを通行可能に更新する．1 つのリンクが復旧すると，ネットワーク全体の最短経路が変わる可能性があるため，ワーシャル・フロイド法によりネットワーク全体を更新しなければならない．ワーシャル・フロイド法による更新は，計算コストが高いため，文献 10）に記載されているネットワークの部分更新の方法を用いる（144 ~ 153 行目）．部分更新の式を式（7-5）と式（7-6）に示す．

$$l_{\mathrm{ij}}^{new} = \min\left(l_{\mathrm{ij}}^{old}, l_{\mathrm{ij}}^{*}\right) \tag{7-5}$$

$$l_{\mathrm{ij}}^{*} = l_{\mathrm{iI}}^{old} + l_{\mathrm{IJ}} + l_{\mathrm{Jj}}^{old} \tag{7-6}$$

ここで，l_{ij}^{new} がノード ij 間の更新された最短距離である．l_{ij}^{old} は更新前のノード間の距離，l_{ij}^{*} は新しく開通したリンクによる距離で式（7-6）により求める．l_{ij}^{new} は更新前の l_{ij}^{old} のままか，更新により変化した l_{ij}^{*} の小さい方の値となる．式（7.6）において，I，J が新しく開通したリンクの両端ノード番号，l_{IJ} がそのリンク距離である．l_{Jj}^{old}，l_{iI}^{old} は，それぞれ更新前のネットワークにおけるノード iI 間，ノード jJ 間の最短距離である．部分更新では，ループが 1 つ減るため距離更新の計算効率がよくなる．

最後に 1 日の非復旧率を求め，評価値（累積非復旧率）に加算する（157 ~ 164 行目）．以上の過程を復旧が完了するまで繰り返す．171 ~ 175 行目では，変数 str_schedule に格納された復旧計画表を出力する．

7.5.5　GA による最適化（ga.py）

GA の実装は Python の進化計算フレームワークの DEAP を用いる．本項も紙面の都合上，プログラムの要点を説明する．プログラムの全体像は付録を参照されたい．以降は 2 章と同様に DEAP を 4 つのステップにわけて，Step 1：コーディングルールの実装，Step 2：目的関数の実装，Step 3：交叉，突然変異などGAの遺伝的操作の実装，Step 4：GAの実行部分の実装の順に説明する．

Step 1：GAの個体の実装

Step 1では，GAの個体を実装する（15～28行目）．まず，目的関数を最大化するか最小化するかを定義する．復旧計画策定問題は，累積非復旧率を最小化する問題（最小化問題）である．したがって，deap.base.Fitnessを継承したFitnessMinクラスを定義する（18行目）．最小化問題のためweightsは，(-1.0,) となる．次に，GAの個体を定義する（20行目）．個体はリスト型を継承するIndividualクラスを定義し，評価値は先ほど定義したFitnessMinクラスとする．

次に，進化計算に必要となる各種関数を格納するツールボックスを定義する．まず，GAの個体を生成するschedule_factoryをtoolboxに登録する（24行目）．schedule_factoryは，simulation.pyに定義されるsimulation_modelを引数とし，同じくsimulation.pyに定義されるindividual_factory関数を呼び出す．次にindividualをtoolboxに登録する（25行目）．individualは上記で定義したIndividualクラスである．Individualクラスの初期値は先ほど登録したtoolbox.schedule_factoryを用いて生成する．最後に，個体群を保持するリスト型のpopulationを登録する（28行目）．

Step 2：目的関数の実装

Step 2では，目的関数を実装する（31～41行目）．復旧計画策定問題では，復旧計画に従って，復旧シミュレーションを実施した際の累積非復旧率が評価値となる．このため，目的関数はsimulation.pyのsimulation関数により評価する（37行目）．定義した目的関数は，toolbox.register関数を用いてツールボックスに登録する（41行目）．

Step 3：GAの遺伝的操作の実装

Step 3では，交叉や突然変異などGAの遺伝的操作を実装する（44～85行目）．復旧計画策定に用いるGAのコーディングルールは，図7.5で示したように作業ごとに順序部と担当班部の組から構成される．このため，交叉や突然変異の実装を少し工夫する必要がある．

本実装では，順序部は部分一致交叉，担当班部は二点交叉を用いる．順序部は，重複を許さないランダムな順列である必要があるため順序交叉を用いている．本実装では，交叉と突然変異をそれぞれ独自に実装する（45～62行目，および65～77行目）．交叉（45 ~ 62 行目）では，定義した関数のうちで，遺伝子から順序部と担当班部を取り出し，deap.tools モジュールに定義されている部分一致交叉（deap.tools.cxPartialyMatched）と二点交叉（deap.tools.cxTwoPoint 関数）を用いる．突然変異（65 ~ 77 行目）においても，遺伝子から順序部と担当班部を取り出し，deap.tools.mutShuffleIndexes 関数を用いてランダムに順序を入れ替えている．選択は deap.tools モジュールで定義されているトーナメント戦略（deap.tools.selTournament 関数）を用いる．selTournament 関数の引数 tournsize は 3 とする(85 行目)．これは 1 回のトーナメントに参加する個体を 3 個体とすることを意味する．定義した遺伝的オペレータは，toolbox.register 関数を用いてツールボックスに登録する（81 ~ 85 行目）．

Step 4：GA の実行部分の実装

Step 4 では，Step 1 から Step 3 で登録した各種オペレータを組み合わせ GA の実行部分を実装する（87 ~ 155 行目）．Step 4 の GA の実行部分は, GA の問題設定に依存せず，ほぼ同様に実装できる．本実装も DEAP のチュートリアル[26)]に記載されている内容とほぼ同様になる．本実装では, 個体数 50(92 行目), 世代数 1000(107 行目), 交叉率 0.7 (88 行目), 突然変異率 0.1（89 行目）を指定している．また 100 世代ごとに平均評価値, 最良値，最良解の計画を出力する（140 ~ 149 行目）．

7.5.6　プログラムの実行例と改良点

本プログラムは，以下のコマンドにより実行をする．プログラムの実行結果の一例を図 7.8 に示す．GA は確率的に解を探索するため，毎回実行結果が異なる可能性がある．

```
$ python ga.py
```

図 7.8 において，第 1 世代の最良解は，最良値 1.7974，6 日で完了する復旧計画であり，遺伝子は [[[1，0，2，3]，[0，0，1，1]]，[[1，2，0，4，3]，[2，1，0，1，2]]] である. 最良値は, 100 世代, 200 世代と世代数が増えるごとに小さくなり, 復旧日数も短くなっていることがわかる．最終的には, 最良値 1.6449, 5 日間で復旧する計画を探索している．GA ではこのようにランダムに作成した初期解から遺伝的操作を繰り返し適用し，目的関数を満たす最適な解を探索する．

```
----- ループ開始 ------
世代数：1          平均値 4.1816
最良値：1.7974     最良解：[[[1, 0, 2, 3], [0, 0, 1, 1]], [[1, 2, 0, 4, 3], [2, 1, 0, 1, 2]]]
1.7974137931034482
遮断物撤去
ROAD1:          2       2       2       1       1       *
ROAD2:          3       3       3       4       4       *
道路補修
ROAD1:          1       1       *       *       *       *
ROAD2:          3       3       3       3       5       5
ROAD3:          2       2       4       *       *       *
1.7974137931034482
------------------
世代数：100        平均値 1.6887
最良値：1.6714     最良解：[[[1, 2, 0, 3], [0, 1, 0, 1]], [[2, 4, 0, 1, 3], [2, 1, 0, 1, 2]]]
1.6714190981432362
遮断物撤去
ROAD1:          2       2       2       1       1
ROAD2:          3       3       3       4       4
道路補修
ROAD1:          1       1       *       *       *
ROAD2:          5       5       2       2       2
ROAD3:          3       3       3       3       4
1.6714190981432362
------------------
世代数：200        平均値 1.7107
最良値：1.6714     最良解：[[[1, 2, 0, 3], [0, 1, 0, 1]], [[2, 4, 0, 1, 3], [2, 1, 0, 1, 2]]]
1.6714190981432362
遮断物撤去
ROAD1:          2       2       2       1       1
ROAD2:          3       3       3       4       4
道路補修
ROAD1:          1       1       *       *       *
ROAD2:          5       5       2       2       2
ROAD3:          3       3       3       3       4
1.6714190981432362
…
…
------------------
世代数：1000       平均値 1.7447
最良値：1.6449     最良解：[[[1, 2, 0, 3], [0, 1, 0, 1]], [[2, 4, 0, 1, 3], [2, 1, 0, 1, 0]]]
1.6448938992042441
遮断物撤去
ROAD1:          2       2       2       1       1
ROAD2:          3       3       3       4       4
道路補修
ROAD1:          1       1       *       4       4
ROAD2:          5       5       2       2       2
ROAD3:          3       3       3       3       *
```

```
1.6448938992042441
------------------
----- ループ終了 ------
最良値：1.6449　最良解：[[[1, 2, 0, 3], [0, 1, 0, 1]], [[2, 4, 0, 1, 3], [2, 1, 0, 1, 0]]]
1.6448938992042441
遮断物撤去
ROAD1:    2    2    2    1    1
ROAD2:    3    3    3    4    4
道路補修
ROAD1:    1    1    *    4    4
ROAD2:    5    5    2    2    2
ROAD3:    3    3    3    3    *
1.6448938992042441
------------------
```

図7.8　プログラムの実行結果

本節で作成した復旧計画策定問題は小規模であり，総当たりにより厳密解を求めることもでき，あえてGAを用いて解く必要はない．しかし，ネットワークの規模，復旧班や被害箇所の数が増加すると，復旧班の担当と復旧順序の組み合わせ数が膨大となり，総当たりでは答えを調べあげることが難しくなる．GAが効果的に働くのはこのような大規模な問題になったときである．本プログラムの改良としては，ネットワークの規模を大きくし，復旧班や被害箇所を増やして試すこと，復旧班の移動距離の考慮，不確実性に対応するためのGAの改良などがあげられる．

7.6 おわりに

本章では，GAによるライフラインネットワークの復旧計画策定を説明した．GAは，進化的計算のアルゴリズムであり，広義のAIに含まれるが，実用化の点から応用可能性の高い手法である．本章では，進化的計算のフレームワークであるDEAPを用いたGAの実装例を説明した．7.2節および7.3節では，ライフラインネットワークの復旧計画策定問題の概要や関連研究を説明した．7.4節ではライフラインの復旧計画策定問題の概要と標準的な解法を説明し，簡単な被災モデルを用いて復旧計画策定問題の例を説明した．続いて，7.5節では7.4節で説明した復旧計画策定問題のPythonによる実装例を説明した．7.3節で説明した関連研究における復旧計画策定のプログラムは，7.5節で説明したプログラムより複雑になるが，ここではなるべく本質を抜き出して，実装面の詳細を述べるようにした．

本章の関連書籍としては以下があげられる．人工知能の入門書として文献27)，28)，29）や30）などがあげられる．GAの本は多くあるが，日本語で書かれたものとして文献31)，32）や33）などがあげられる．GAは様々な分野で応用されているが，土木分野における応用例として文献8）や34）などがあげられる．

引用文献

1）高橋亨輔，白木渡，岩原廣彦，井面仁志，磯打千雅子：地域インパクト分析手法の提案と物流機能復旧アクションプラン作成への適用，土木学会論文集F6（安全問題)，Vol. 70，No. 2，pp. I_15-I_22，2014.

参考文献

2）国土交通省関東地方整備局：首都直下地震道路啓開計画，https://www.ktr.mlit.go.jp/road/bousai/index00000002.html

3）四国道路啓開等協議会：四国広域道路啓開計画，https://www.skr.mlit.go.jp/road/dourokeikai/

4）国土交通省：緊急輸送道路，https://www.mlit.go.jp/road/bosai/measures/index3.html

5）道路啓開計画：https://www.mlit.go.jp/road/bosai/measures/index4.html

6）国土交通省 東北地方整備局：東日本大震災の実体験に基づく　災害初動期指揮心得 Kindle版，国土交通省 東北地方整備局，2015.

7）国土交通省 東北地方整備局：啓開「くしの歯」作戦，https://infra-archive311.jp/s-kushinoha.html

8）有村幹治，田村亨，井田直人：土木計画分野における遺伝的アルゴリズム：最適化と適応学習，土木学会論文集D，Vol. 62，No. 4，pp. 505-518，2006.

9）佐藤忠信，一井康二：遺伝的アルゴリズムを用いたライフライン網の最適復旧過程に関する研究，土木学会論文集，Vol. 1996，No. 537，pp. 245-256，1996.

10）杉本博之，片桐章憲，田村亨，鹿汴麗：GAによるライフライン系被災ネットワークの復旧プロセス支援に関する研究，構造工学論文集，Vol. 43A，pp. 517-524，1997.

11）有村幹治，上西和弘，田村亨，杉本博之，桝谷有三：都市間時間距離に基づく被災道路の最適復旧モデル，土木計画学研究・論文集，No. 14，pp. 333-340，1997.
12）杉本博之，田村亨，有村幹治，斎藤和夫：復旧班の協力を考慮した被災ネットワーク復旧モデルの開発，土木学会論文集，Vol. 1999，No. 625，pp. 135-148，1999.
13）古田均，中津功一朗，築山勲：LCCを考慮した被災道路ネットワーク復旧計画策定に関する研究．構造工学論文集，Vol. 52A，pp. 183-190，2006.
14）古田均，中津功一朗：改良型遺伝的アルゴリズムを用いた被災ネットワーク復旧計画策定に関する研究，構造工学論文集，Vol. 52A，pp. 191-200，2006.
15）古田均，中津功一朗，野村泰稔：不確実性を考慮した被災ネットワークの復旧計画策定，土木学会論文集A，Vol. 64，No. 2，pp. 434-445，2008.
16）築山勲，佐藤忠信，古田均，森まゆこ：広域被害における水道管復旧戦略支援システムの開発，自然災害科学，Vol. 26，pp. 367-377，2008.
17）中津功一朗，古田均，野村泰稔，石橋健，服部洋：不確実環境下における共同作業を考慮した復旧計画策定，応用力学論文集，Vol. 11，pp. 655-663，2008.
18）中津功一朗，古田均，野村泰稔，石橋健，服部洋：被災後の復旧計画における不確実環境への対応，応用力学論文集，Vol. 13，pp. 639-647，2010.
19）中津功一朗，古田均，野村泰稔，高橋亨輔，石橋健：被災後の不確実環境下におけるフレキシブル復旧計画策定．構造工学論文集A，Vol.57A，pp.183-194，2011.
20）味方さやか，小林一郎：ライフライン網の相互連関を考慮した災害復旧計画問題に関する研究，知能と情報，日本知能情報ファジィ学会，Vol. 23，No. 4，pp. 480-490，2011.
21）宮本崇，金原卓広：並列遺伝的アルゴリズムによる道路ネットワークの災害復旧過程の最適化，土木学会論文集A2（応用力学）Vol.70，pp.I_595-I_602，2014.
22）高橋亨輔，白木渡，岩原廣彦，井面仁志，磯打千雅子：道路ネットワーク復旧戦略検討のための合意形成支援システムの開発，土木学会論文集F3（土木情報学），Vol. 71，No. 2，pp. I_176-I_187，2015.
23）高橋亨輔，磯打千雅子，白木渡，岩原廣彦，井面仁志，佐藤英治：南海トラフ巨大地震発生時の高松市道路ネットワークに対する戦略的事前復旧計画の検討，土木学会論文誌F6（安全問題），Vol. 72，No. 2，pp. I_99-I_106，2016.
24）T. コルメン，他3名（著），浅野哲夫，他4名（訳）：アルゴリズムイントロダクション　第3版　第2巻：高度な設計と解析手法・高度なデータ構造・グラフアルゴリズム，近代科学社，2012.

25）FM. D. Rainville, FA. Fortin, MA. Gardner, M. Parizeau and C. Gagné, “DEAP -- Enabling Nimbler Evolutions,” SIGEVOlution, Vol. 6, No 2, pp.17-26, 2014.

26）DEAP documentation：https://deap.readthedocs.io/en/master/

27）荒屋真二：人工知能概論 第2版，共立出版，2004.

28）松尾豊：人工知能は人間を超えるか ディープラーニングの先にあるもの，KADOKAWA/中経出版，2015.

29）森川幸人：マッチ箱の脳（AI）―使える人工知能のお話，新紀元社，2000.

30）ほぼ日刊イトイ新聞：「マッチ箱の脳」Web version，https://www.1101.com/morikawa/index_AI.html

31）伊庭斉志：遺伝的アルゴリズムの基礎 GAの謎を解く，オーム社，1994.

32）北野宏明（編）：遺伝的アルゴリズム1～4，産業図書，1993～2000.

33）メラニー・ミッチェル（著），伊庭斉志（訳）：遺伝的アルゴリズムの方法，東京電機大学出版局，1997.

34）古田均，杉本博之：遺伝的アルゴリズムの構造工学への応用 POD版，森北出版，2011.

付録

プログラム１　simulation.py

```
1  import random
2  import copy
3  from logging import getLogger, NullHandler
4  
5  # ロガーの設定
6  my_logger = getLogger（__name__）
7  my_logger.addHandler（NullHandler（））
8  
9  """
10  復旧シミュレーションに用いる被災モデルの定義
11  """
12  simulation_model = {
13      # ネットワークの隣接行列
14      # 行列の要素はリンクの距離，9 は未接続のリンクを表す
15      "network": [
16          [0, 1, 9, 1, 9, 9, 9, 9, 9],
17          [1, 0, 1, 9, 1, 9, 9, 9, 9],
18          [9, 1, 0, 9, 9, 1, 9, 9, 9],
19          [1, 9, 9, 0, 1, 9, 1, 9, 9],
20          [9, 1, 9, 1, 0, 1, 9, 1, 9],
21          [9, 9, 1, 9, 1, 0, 9, 9, 1],
22          [9, 9, 9, 1, 9, 9, 0, 1, 9],
23          [9, 9, 9, 9, 1, 9, 1, 0, 1],
24          [9, 9, 9, 9, 9, 1, 9, 1, 0]
25      ],
26      # 遮断物撤去作業と道路補修作業
27      # 復旧班は worker，被害箇所は work で表す
28      "workset": [
29          {
30              "name": "遮断物撤去",
31              "worker": [{"id": 1, "ability": 15, "ref_id": 0}, {"id": 2, "ability": 30, "ref_id": 2}],
32              "work": [{"id": 1, "damage": 153, "ref_id": [0, 3]}, {"id": 2, "damage": 313, "ref_id": [1, 4]},
33                      {"id": 3, "damage": 526, "ref_id": [2, 5]}, {"id": 4, "damage": 444, "ref_id": [4, 5]}]
34          }, {
35              "name":"道路補修",
36              "worker": [{"id": 1, "ability": 10, "ref_id": 0}, {"id": 2, "ability": 20, "ref_id": 5},
37                       {"id": 3, "ability": 25, "ref_id": 8}],
38              "work" : [{"id": 1, "damage": 146, "ref_id": [0, 3]}, {"id": 2, "damage": 366, "ref_id": [3, 6]},
39                      {"id": 3, "damage": 611, "ref_id": [4, 5]}, {"id": 4, "damage": 145, "ref_id": [7, 8]},
40                      {"id": 5, "damage": 312, "ref_id": [5, 8]}]
41          }]
42  }
43  
44  
45  def calc_cost_matrix（cost_matrix）:
```

```
46      """ ワーシャル - フロイド法（Warshall-Floyd）を用いて全ノード間の最短距離を計算
47
48      :param cost_matrix: 隣接行列
49      :return: ノード間の最短距離を持つ隣接行列
50      """
51      size = len（cost_matrix）
52      for k in range（size）：
53          for i in range（size）：
54              for j in range（size）：
55                  cost_matrix[i][j] = min（cost_matrix[i][j], cost_matrix[i][k] + cost_matrix[k][j]）
56      return cost_matrix
57
58
59  def simulation（individual, simulation_model, logger=None）：
60      """復旧シミュレーションの実行
61      :param individual: 復旧計画表の遺伝子列
62      :param simulation_model: 復旧シミュレーションに用いる被災モデル
63      :param logger: シミュレーションのロガー
64      :return: 適応度（累積非復旧率）
65      """
66      logger = logger or my_logger
67      evaluate = 0  # 復旧シミュレーションの適応度（累積非復旧率）
68      # 復旧計画表の遺伝子列（遺伝子型）から復旧計画（表現型）に変換
69      schedules = to_phenotype（individual, simulation_model）
70      # 復旧シミュレーションのモデルをコピー
71      # 以降，復旧の進捗に応じて model の値を書き換える
72      model = copy.deepcopy（simulation_model）
73
74      # 遮断物撤去作業のネットワークを通行不可とする
75      for work in model['workset'][0]['work']:
76          nid1, nid2 = work['ref_id']
77          # 通行不可は 9 とする
78          model['network'][nid1][nid2] = model['network'][nid2][nid1] = 9
79      cost_matrix = calc_cost_matrix（model['network']）
80
81      # 作業量の合計を計算
82      amount_of_total_work = 0
83      amount_of_total_work += sum（work['damage'] for work in model['workset'][0]['work']）
84      amount_of_total_work += sum（work['damage'] for work in model['workset'][1]['work']）
85
86      # 復旧計画表出力用のディクショナリを作成
87      str_schedule = {
88          model[ ‘workset’ ][0][ ‘name’ ]: {},  # 遮断物撤去作業
89          model[ ‘workset’ ][1][ ‘name’ ]: {}  # 道路補修作業
90      }
91      for worker in model['workset'][0]['worker']:
92          str_schedule[model['workset'][0]['name']][str（worker["id"]）] = []
93      for worker in model['workset'][1]['worker']:
94          str_schedule[model['workset'][1]['name']][str（worker["id"]）] = []
95
```

```
96      # 復旧シミュレーションの開始，1日ごとの復旧，最大150日とする
97      for day in range (1, 150) :
98          # 復旧完了となった遮断物撤去作業を保存するリスト
99          # 復旧完了後，ネットワークを通行可能にする更新に用いる
100         recovered_work_list = []
101
102         # 作業ごとに復旧計画にしたがって復旧を実施
103         for schedule, workset in zip (schedules, model['workset']) :
104             for worker_id in schedule:
105                 # 次に担当する被害箇所のID (work_id) を取得
106                 if len (schedule[worker_id]) == 0:
107                     # work_id がない場合，復旧班の全工程が終了しているため作業待ちとする
108                     # 復旧計画表出力用に作業待ち (*) を追加
109                     str_schedule[workset['name']][str (worker_id) ].append ('*')
110                     continue
111                 work_id = schedule[worker_id][0]
112
113                 # 復旧班のID (worker_id) と一致する復旧班 (worker) を model から取得
114                 worker = [worker for worker in workset['worker'] if worker['id'] == worker_id][0]
115                 # 被害箇所のID (work_id) と一致する被害箇所 (work) を model から取得
116                 work = [work for work in workset['work'] if work['id'] == work_id][0]
117
118                 # 復旧班 (worker) が被害箇所 (work) に到達可能かを調べる
119                 nid1, nid2 = work['ref_id']
120                 dist1 = cost_matrix[worker['ref_id']][nid1]
121                 dist2 = cost_matrix[worker['ref_id']][nid2]
122                 if min (dist1, dist2) == 9:
123                     # 到達できない場合は作業待ちとする
124                     # 復旧計画表出力用に作業待ち (*) を追加
125                     str_schedule[workset['name']][str (worker_id) ].append ('*')
126                 else:
127                     # 到達できる場合は作業を実施
128                     # 1時間当たりの復旧量 (worker['ability']) × 8時間 実施
129                     work['damage'] -= worker['ability'] * 8
130                     # 復旧が完了した場合
131                     if work['damage'] < 0:
132                         work['damage'] = 0  # 被害量が0未満の場合は被害量を0にする
133                         # 復旧完了した遮断物撤去の recovered_work_list に保存
134                         if workset['name'] == '遮断物撤去':
135                             recovered_work_list.append (work)
136                         # 復旧計画から復旧が完了した被害箇所のIDを除去
137                         del schedule[worker_id][0]
138                     # 復旧計画表出力用に被害箇所IDを追加
139                     str_schedule[workset['name']][str (worker_id) ].append (str (work['id']))
140
141         # ネットワークの更新
142         # 遮断物撤去作業の完了により，ネットワークが通行可能になった場合，
143         # ネットワークの最短距離が変わるため更新する
144         for work in recovered_work_list:
145             i, j = work['ref_id']
```

```
146            x = 1  # ノードi, jのリンクの距離（本シミュレーションでは1としたため1を直接代入している）
147            size = len（cost_matrix）
148            old_cost_matrix = copy.deepcopy（cost_matrix）
149            for oi in range（size）:
150                for oj in range（size）:
151                    tmp = min（old_cost_matrix[oi][i] + old_cost_matrix[oj][j] + x,
152                             old_cost_matrix[oi][j] + old_cost_matrix[oj][i] + x）
153                    cost_matrix[oi][oj] = min（old_cost_matrix[oi][oj], tmp）
154
155        # 評価値の計算
156        # 未復旧の作業量を計算
157        amount_of_unrecovered_work = 0.0
158        # 遮断物撤去作業
159        amount_of_unrecovered_work += sum（work['damage'] for work in model['workset'][0]['work']）
160        # 道路補修作業
161        amount_of_unrecovered_work += sum（work['damage'] for work in model['workset'][1]['work']）
162        # 非復旧率を計算（= 未復旧の作業量 / 全作業量）
163        unrecovered_rate = amount_of_unrecovered_work / amount_of_total_work
164        evaluate += unrecovered_rate
165        # 復旧シミュレーションの終了判定
166        if unrecovered_rate == 0.0:
167            break
168
169    # 復旧計画表の出力
170    logger.debug（evaluate）
171    for name, schedules in str_schedule.items（）:
172        logger.debug（name）
173        for worker_id, schedule in schedules.items（）:
174            s = '¥t' .join（schedule）
175            logger.debug（f'ROAD{worker_id}:¥t{s}'）
176
177    return evaluate
178
179
180 def individual_factory（simulation_model）:
181     """ 復旧計画の遺伝子列をランダムに作成する
182
183     :param simulation_model: 復旧シミュレーションで用いる被災モデル
184     :return: 復旧計画を表す遺伝子列
185     """
186     ind = []
187     for workset in simulation_model['workset']:
188         worker_num = len（workset['worker']）
189         work_num = len（workset['work']）
190         # 順序部の作成
191         order_part = [i for i in range（work_num）]
192         random.shuffle（order_part）
193         # 担当班部の作成
194         worker_part = [random.randint（0, worker_num - 1）for _ in range（work_num）]
195
```

```
196             ind.append([order_part, worker_part])
197         return ind
198
199
200     def to_phenotype(individual, simulation_model):
201         """ 復旧計画表を表す遺伝子列から復旧計画表（表現型）に変換する
202         復旧計画表（表現型）はディクショナリ型により表す
203
204         :param individual: 復旧計画を表す遺伝子列
205         :param simulation_model: 復旧シミュレーションで用いる被災モデル
206         :return: 復旧計画（表現型）
207         """
208         schedules = []
209         for gene, workset in zip(individual, simulation_model['workset']):
210             order_part = gene[0]
211             worker_part = gene[1]
212             workers = workset['worker']
213             works = workset['work']
214             schedule = {}
215             for i in range(len(order_part)):
216                 if not workers[worker_part[i]]['id'] in schedule:
217                     schedule[workers[worker_part[i]]['id']] = []
218                 schedule[workers[worker_part[i]]['id']].append(works[order_part[i]]['id'])
219             schedules.append(schedule)
220
221         return schedules
```

プログラム 2　ga.py

```
 1  import simulation  # 復旧シミュレーション（simulation.py）のインポート
 2  import random
 3  from deap import creator, base, tools
 4  from logging import getLogger, StreamHandler, DEBUG
 5
 6  if __name__ == '__main__':
 7      # ロガーの作成
 8      logger = getLogger(__name__)
 9      handler = StreamHandler()
10      handler.setLevel(DEBUG)
11      logger.setLevel(DEBUG)
12      logger.addHandler(handler)
13      logger.propagate = False
14
15      # Step 1: GA の個体を定義する
16      # base.Fitness を継承する FitnessMin クラスを定義する
17      # 最小化問題のため weights は (-1.0,) となる．注意：-1.0 のあとにカンマが必要
18      creator.create("FitnessMin", base.Fitness, weights=(-1.0,))
19      # GA の個体は list を継承する Individual クラスとして定義する
20      creator.create("Individual", list, fitness=creator.FitnessMin)
```

```
21  # deap のツールボックスを定義する
22  toolbox = base.Toolbox()
23  # ツールボックスに GA で使用するオペレータを登録する
24  toolbox.register("schedule_factory", simulation.individual_factory, simulation.simulation_model)
25  toolbox.register("individual", tools.initIterate, creator.Individual, toolbox.schedule_factory)
26  # population オペレータを登録する
27  # tools.initRepeat(container, func, n) の n（何回実行するか）はオペレータ実行時に指定する
28  toolbox.register("population", tools.initRepeat, list, toolbox.individual)
29
30
31  # Step 2: 目的関数を定義する
32  def evaluate(individual):
33      """GA の目的関数 復旧シミュレーションにより個体を評価する
34      :param individual:
35      :return: タプル形式で返す必要がある
36      """
37      return (simulation.simulation(individual, simulation.simulation_model)),
38
39
40  # evaluate オペレータを登録する：GA の評価関数を登録する
41  toolbox.register("evaluate", evaluate)
42
43
44  # Step 3: GA の遺伝的操作を定義する
45  def crossover(ind1, ind2):
46      """ 交叉 順序部と担当班部に対してそれぞれ交叉オペレータを適用する
47
48      :param ind1: 親個体 1（参照渡し）
49      :param ind2: 親個体 2（参照渡し）
50      :return:
51      """
52      # 遮断物撤去作業
53      # 順序部は部分一致交叉 deap の tools.cxPartialyMatched 関数を使用
54      tools.cxPartialyMatched(ind1[0][0], ind2[0][0])
55      # 担当班部は二点交叉 deap の tools.cxTwoPoint 関数を使用
56      tools.cxTwoPoint(ind1[0][1], ind2[0][1])
57
58      # 道路補修作業
59      # 順序部は部分一致交叉
60      tools.cxPartialyMatched(ind1[1][0], ind2[1][0])
61      # 担当班部は二点交叉
62      tools.cxTwoPoint(ind1[1][1], ind2[1][1])
63
64
65  def mutation(individual, indpb):
66      """ 突然変異 任意の遺伝子をランダムに入れ替える
67      :param individual: 個体（参照渡し）
68      :param indpb: 各遺伝子がランダムに交換される確率
69      :return:
70      """
```

```
71          # 遮断物撤去作業
72          # 遺伝子をランダムに入れ替える deap の tools.mutShuffleIndexes 関数を使用
73          tools.mutShuffleIndexes(individual[0][0], indpb)
74          tools.mutShuffleIndexes(individual[0][1], indpb)
75          # 道路補修作業
76          tools.mutShuffleIndexes(individual[1][0], indpb)
77          tools.mutShuffleIndexes(individual[1][1], indpb)
78
79
80      # mate オペレータを登録する、GA の交叉を登録する
81      toolbox.register('mate', crossover)
82      # mutate オペレータを登録する、GA の突然変異を登録する
83      toolbox.register('mutate', mutation, indpb=0.25)
84      # select オペレータを登録する、GA の選択、tools.selTournament はトーナメント選択
85      toolbox.register('select', tools.selTournament, tournsize=3)
86
87      # Step 4: 遺伝的操作を組み合わせて GA を実行する
88      CXPB = 0.7  # 交叉率
89      MUTPB = 0.1  # 突然変異率
90
91      # 個体数 n 個の遺伝子プールを作成する
92      pop = toolbox.population(n=50)
93      # 各個体に目的関数を適用し適応度のリストを取得する
94      fitnesses = list(map(toolbox.evaluate, pop))
95      # zip 関数で pop から個体 1 つ，fitnesses から適応度 1 つをそれぞれ取得する
96      for ind, fit in zip(pop, fitnesses):
97          ind.fitness.values = fit  # 個体に適応度を付与する
98
99      logger.info('----- ループ開始 ------')
100     g = 0  # 世代数を 0 で初期化する
101     # fitnesses はタプルのため，適応度の第 1 要素のみ取得
102     fits = [ind.fitness.values[0] for ind in pop]
103     # 最良解を保存する変数．一旦，0 番目の解を最良解とする
104     best_ind = pop[0]
105
106     # 世代数が 1000 世代になった場合はループを終了する
107     while g < 1000:
108         # 選択
109         offspring = toolbox.select(pop, len(pop))
110         offspring = list(map(toolbox.clone, offspring))
111
112         # 交叉 offspring の偶数番 [::2] と offspring の奇数番 [1::2] の個体を取り出し交叉する
113         for child1, child2 in zip(offspring[::2], offspring[1::2]):
114             if random.random() < CXPB:
115                 toolbox.mate(child1, child2)
116                 # 交叉した個体の適応度を削除する
117                 del child1.fitness.values
118                 del child2.fitness.values
119
120         # 突然変異
```

```
121         for mutant in offspring:
122             if random.random() < MUTPB:
123                 toolbox.mutate(mutant)
124                 # 突然変異した個体の適応度を削除する
125                 del mutant.fitness.values
126 
127         # 交叉または突然変異した個体のみ取得する（評価値を削除した個体の fitness.valid は False となっている）
128         invalid_ind = [ind for ind in offspring if not ind.fitness.valid]
129         # 再評価対象の個体を評価し評価値を付与する
130         fitness = map(toolbox.evaluate, invalid_ind)
131         for ind, fit in zip(invalid_ind, fitness):
132             ind.fitness.values = fit
133 
134         # 遺伝子プールを更新する
135         pop = offspring
136         fits = [ind.fitness.values[0] for ind in pop]
137         g += 1  # 世代数を 1 つ増やす
138 
139         # 10 世代ごとにログを表示する
140         if g == 1 or g % 100 == 0:
141             # 最良解の更新
142             min_ind = pop[fits.index(min(fits))]
143             if best_ind.fitness.values[0] > min_ind.fitness.values[0]:
144                 best_ind = min_ind
145             # GA の結果の出力
146             logger.info(f'世代数：{g}¥t 平均値 {sum(fits) / len(fits):.4f}')
147             logger.info(f'最良値：{best_ind.fitness.values[0]:.4f}¥t 最良解：{best_ind}')
148             logger.info(simulation.simulation(best_ind, simulation.simulation_model, logger))
149             logger.info('------------------')
150 
151     # GA の結果の出力
152     logger.info('----- ループ終了 ------')
153     logger.info(f'最良値：{best_ind.fitness.values[0]:.4f}¥t 最良解：{best_ind}')
154     logger.info(simulation.simulation(best_ind, simulation.simulation_model, logger))
155     logger.info('------------------')
```

8 マルチエージェントを用いた地震時津波避難シミュレーション

7章までは，主としてAI技術として最もポピュラーな深層学習を用いて種々の防災問題への応用を述べてきた．ここでは，広義の意味でのAI手法の一種と考えられるマルチエージェントシステムを用いた地震時における津波からの群衆避難行動のシミュレーションに関する検討例を文献1)，2）を主な出典元として紹介する．

8.1 地震時津波からの群衆避難における誘導者配置シミュレーション事例

2011年東北地方太平洋沖地震による甚大な地震被害を受け，災害対策の抜本的な見直しが図られ，中央防災会議では災害対策基本法の改正に基づいて防災基本計画の修正が行われた[5)]．その中で津波災害に関しては，科学的知見を踏まえた最大クラスの津波を想定し，これに対して避難を軸としたハード・ソフト両面からの対策を講じるよう示されている．

このような動きに先駆け，災害時の避難に関して多くの検討が研究者らによって行われている．例えば，数値計算モデルとして流体モデルや粒子モデルによる計算手法[例えば6-11)]が開発され，災害時の避難問題に関する検討も報告されている．これらの計算モデルでは，近年着目されているV&Vに関する議論が進められる一方，災害時の避難誘導についての検討も進められている．

杉万らは，避難誘導法に関して2種類の現場実験を行い，その効果について示している[12)]．また，その継続研究において誘導者と避難者の人数比による効果についても検討を行っている[13)]．中島らは，大規模シミュレーションによる最寄りの誘導場所に関する環境情報を少人数の被験者に対して与えることで，群衆行動状況を想起させた条件下での避難誘導についての検討を試みている[14)]．

本章では群衆避難の数値シミュレーションに関し，広義のAI手法の一種と考えられるマルチエージェントシステムを用いた検討の一例[1),2),15)]を示す．ここではまず，マルチエージェントシステムによる避難経路選択モデルを構築した[1)]．つぎに，避難者同士の相互作用が避難に及ぼす影響を考慮するため，各避難者が回避行動を取る他者認識範囲として，パーソナルスペース[16)]に関しても検討を加えた．また津波時の避難経路選択モデルとして高低差の影響も考慮できるようにした[2)]．

さらに，市街地などの広域を対象とした誘導者の配置による避難効率の改善問題に着目し，数値シミュレーションによる定量的な評価に基づいた避難誘導者の配置方法についての検討結果[1),15)]に関しても述べる.

8.2 避難誘導シミュレーション

避難シミュレーションとしてネットワークモデルを活用し，災害時の群衆避難に関する誘導者配置を検討する．群衆避難では，特定の経路に対する複数経路からの接続部や，狭隘な道路部分において滞留が生じる可能性がある．このようなボトルネック部での滞留状態を改善するため，経路上に適切な誘導者配置を行う方法について検討した.

避難者全体としての避難状況（避難完了時間など）を改善することを念頭に，避難群集が特定移動経路に集中することを避けるように，避難誘導者の配置箇所を決めることを考えた．すなわち，ネットワーク空間上において，避難者の集中する箇所に誘導者を配置することで滞留の解消を図り，避難状況全体が改善されるような検討を行った.

誘導者の配置箇所に関しては，シミュレーション結果に基づき選定するものとする．広範囲・大規模なネットワークにおける多数の避難対象者に対しても適用可能となるよう，ネットワーク空間上の情報を定量的に評価し，避難群衆の滞留状態を数値的に表した結果を元に誘導者の配置を行うものとした.

8.2.1 経路選択手法

避難経路の選択において，ダイクストラ法[17)]による各ノードのコスト計算に各ノード間の水平距離と高低差を用いている．図8.1において，i位置のノードから次の経路を選択するものとする．このとき，各ノード間の3次元的な距離（図8.1のR）よりコストを算出すると，水平距離より求まるコストより大きな値となることから，経路選択の際に平坦な経路を優先してしまう.

津波からの避難においては，避難者は現在位置より高い所へ避難する経路を選択するものと考えられる．そこで，各ノード間の高低差に関して次式のような水平距離との比を用い，その割合によって水平距離優先の避難者と高低差考慮の避難者を区別するものとした.

$$C_{i,j} = \alpha \cdot h_{i,j} + \beta \frac{v_{max} - v_{i,j}}{v_{max}} \cdot h_{i,j} \tag{8-1}$$

ただし，$\alpha + \beta = 1.0$ (8-2)

ここで，$C_{i,j}$：各ノード間のコスト，$h_{i,j}$：各ノード間の水平距離，$v_{i,j}$：各ノード間の高低差，v_{max}：経路全体の高低差，α：各ノード間の水平距離に対する係数，β：各ノード間の高低差に対する係数．

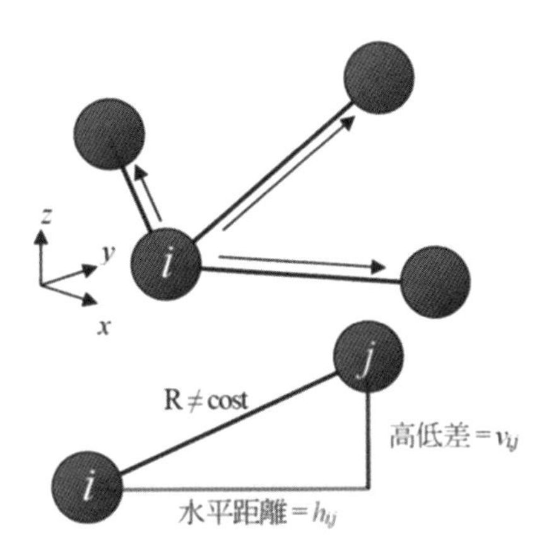

図 8.1　ノード間コストの概念図[2)]

式（8-1）の高低差は，海抜高度にもとづいたパラメータであり，避難者が実際の避難行動において，傾斜の大きい道を選択する状態を想定している．ただし，ノード間における経路途中の傾斜の変化は考慮していない．実際の避難行動を考えると，電柱やカーブミラー，あるいは路面に海抜高度を示すなど，避難者が高低差を把握しやすくなるような対策が必要と思われる．

式（8-1）および式（8-2）を条件として，各ノードにおけるコスト累積値が最小になるようなノードに各避難者が向かうように設定した．水平距離優先の避難者と高低差考慮の避難者に関しては，式（8-2）に示した係数を，例えば表 8.1 に示すような割合で考えた．

表 8.1　コストにおける水平距離と高低差の割合[2)]

	α：β
水平距離優先	10：0
高低差考慮	1：9

8.2.2　回避行動規則

避難者同士の接触を避けるため「回避行動規則」を設定した．図 8.2 に示すように，進行方向に対し前方 180°，人体を中心に半径 0.5 ~ 2.0 m 以内を避難者のパーソナルスペース[16)]として定義した．パーソナルスペース内に他の避難者の存在が認められた場合は，回避行動を取るものとした．

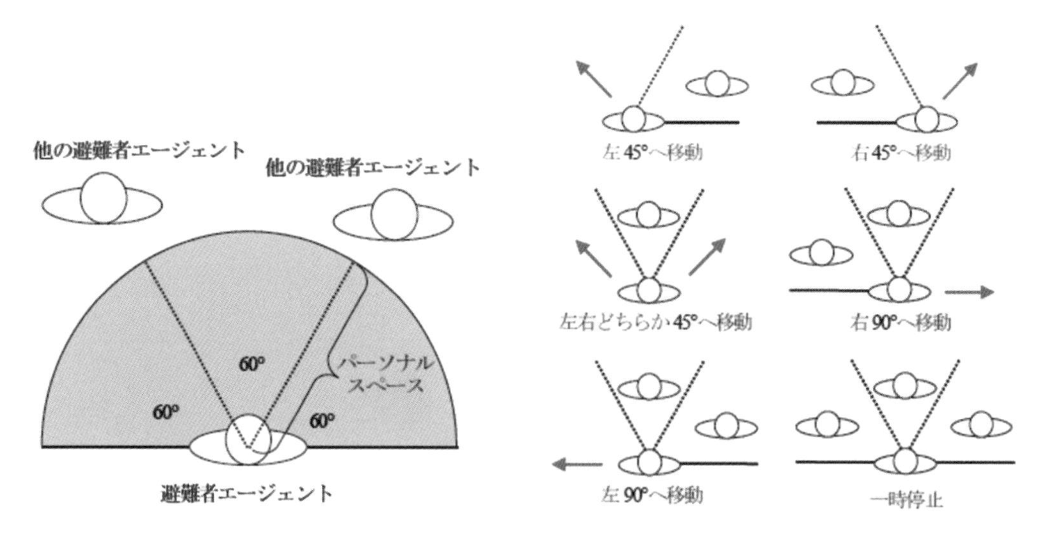

図 8.2　認識範囲および回避行動規範 [2)]

前方左側 60°に他者を認めた場合は右斜め 45°方向へ，前方右側 60°に他者を認めた場合は左斜め 45°方向へ回避行動を取る．また，前方 60°の範囲に他者を認めた場合はランダムに左右斜め 45°方向への回避行動を，前方 60°の範囲と左右いずれか 60°の範囲に他者を認めた場合には，他者のいない方向へ 90°の回避行動を取るものとする．さらに，前方および左右の 60°のどちらともにも他者を認めた場合，一時停止するよう回避規則を設けた．

パーソナルスペースに関しては，Hall の対人距離の定義 [16)]（1.5 ~ 4.0 ft）と歩行速度の関係（1.4 m/sec）から，避難者同士の接触が生じる範囲を考えた．文献 2）の検討結果から，ここでは 1.0 m をパーソナルスペースとした．

8.3 混雑度の評価

道路の混雑状況の評価としては，PT 調査や OD 調査の結果を用いる道路混雑度 [例えば18)] や，国総研が示す歩行者混雑度 [19)] などが挙げられる．ここでは，各ノードにおける時々刻々変化する人口密度を避難時間全体に対して累積した値を混雑度として式（8-3）のように定義し，ネットワーク上の滞留状況を表す指標として用いるものとした．

$$CON = \sum \rho_{\mathrm{n}} \tag{8-3}$$

ここに，CON：混雑度，ρ_{n}：人口密度（人 /m^2/ 秒）．

式（8-3）で定義した混雑度について，滞留状況を表す指標としての有効性を確認するため，次のような検討を行った．まず図 8.3 に示すような格子状の単純なネットワーク空間を定義し，このネットワーク空間上を移動するエージェントに対し，各ノードにおける混雑度を評価した．ネットワークを構成するリンクはダイクストラ法によるコスト計算に有意差が生じるように縦横比を設けた．さらにリンクに断面交通量も考慮するため，経路幅を交通容量として定義した．表 8.2 に検討した各ケースでの経路幅とリンク縦横比を示す．

エージェント側の設定においては，阿久津の実験結果[20]を参考に，図 8.4 のような歩行速度の変化を考えた．また，滞留時の歩行速度の変化を考慮するため，木村ら[21]の速度－密度関係を歩行速度に反映させている．エージェント数は目的地を除く各ノードに 10 人ずつ配置した．

格子状ネットワーク上の点線で囲んだノードにおける混雑度の変化を図 8.5 に示す．縦軸は混雑度の時間変化を累積値によって，横軸は全エージェントが目的地に到達するまでの所要時間で正規化している．また，リンクの縦横比が同じケースではエージェントの移動ルートが同じであることを考慮して，経路幅の大きい Case 2，Case 4 を基準とし，Case 1 は Case 2 の値，Case 3 は Case 4 の値で正規化して示すことで，経路幅の変化に着目した．

図 8.5 を確認すると，Case 2，Case 4 に比べて Case 1，Case 3 の方が混雑度は高い数値となっている．エージェントの移動ルートが同じである場合，滞留は経路幅の狭い方が生じやすいという状況と合致している．以上より，混雑度を滞留状況の指標として用いることが可能と判断できる．

表 8.2　格子モデルでの検討ケース[1]

	経路幅	リンクの縦横比
Case 1	3 m	1.0：(0.9，1.1，0.9，1.1)
Case 2	4 m	1.0：(0.9，1.1，0.9，1.1)
Case 3	3 m	(0.9，1.1，0.9，1.1)：1,0
Case 4	4 m	(0.9，1.1，0.9，1.1)：1,0

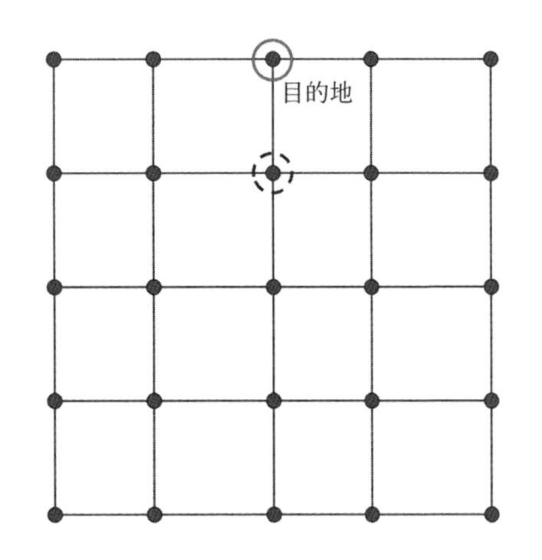

図 8.3　格子状ネットワークモデル（Case 1,2）[1)]

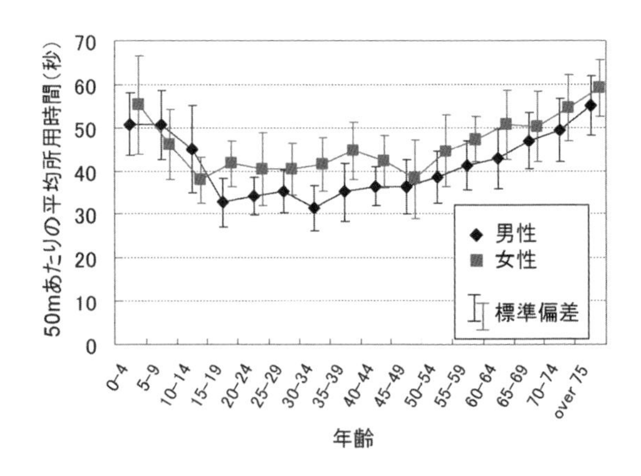

図 8.4　性別・年齢別の歩行速度[1)]

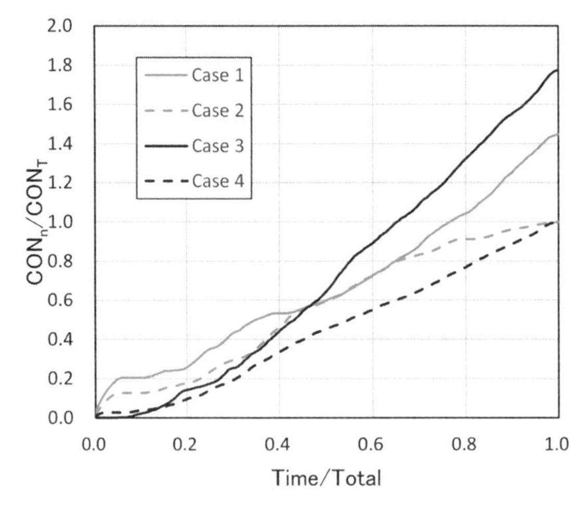

図 8.5　混雑度の時刻歴変化[1)]

8.4 誘導者配置による検討

8.4.1　市街地モデルの設定

混雑度を指標とした，誘導者配置による避難状況の変化を確認するため，実際の市街地を対象としたネットワークモデルを用いて検討を行った．対象とした市街地における津波浸水予測図[3)]を図 8.6 に，また，図 8.7 には海抜高度データ[4)]に示す．対象範囲の海抜高度が 0 ～ 10 m で分布している．

市街地モデルは図 8.8 に示すように，交差点などの分岐路や道路線形が曲線となる部分をノードとし，ノードを結ぶリンクでネットワーク経路を構成するものとした．また，

図 8.9 に示す避難ビル，指定避難場所，高台の 6 箇所を目的地として設定した．これら避難個所の海抜高度を表 8.3 に示す．設定した市街地モデルに対して，避難者エージェントはダイクストラ法によって求められた最適経路を目的地まで移動するものとした．歩行速度については 8.3 節の設定と同様とした．

水平距離優先（H）の人数と高低差考慮（V）の人数の日を，$H:V=10:0$（ケース A），$H:V=5:5$（ケース B），$H:V=0:10$（ケース C）と変更させて検討を行った結果を図 8.10 に示す．この図より，高低差考慮の有無による避難完了時間に大きな変化はなく，水平距離優先のみのケース A では海抜高度の低い避難ビル A に避難する人数が多く，全員が高低差考慮をするケース C では海抜高度の高い高台 D へ避難する人数が多くなる結果となった．

8.4.2　誘導者配置場所の検討

図 8.11 に，市街地モデルの全ノードにおける混雑度を示す．横軸は数値モデル内でのノード番号を意味するため省略している．また, 混雑度 5000 以上の範囲は示していない．図 8.11 より，ノードごとに混雑度の値は大きくばらついていることが確認できる．ここでは混雑度 1000 を基準として誘導者の配置場所を決めることとした．

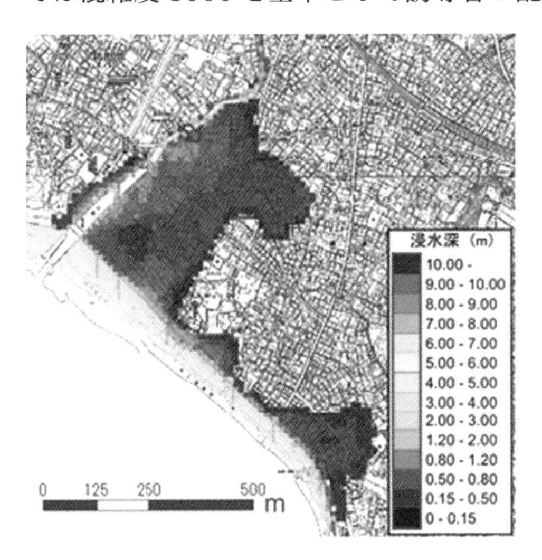

図 8.6　津波浸水予想範囲 3)

図 8.7　海抜標高 4)

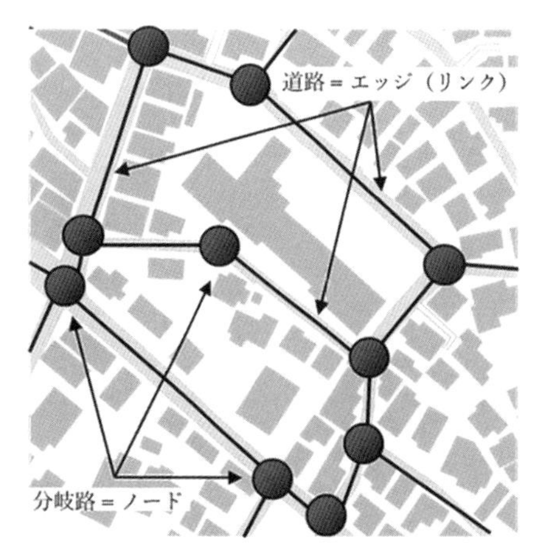

図 8.8　市街地のモデル [1)]

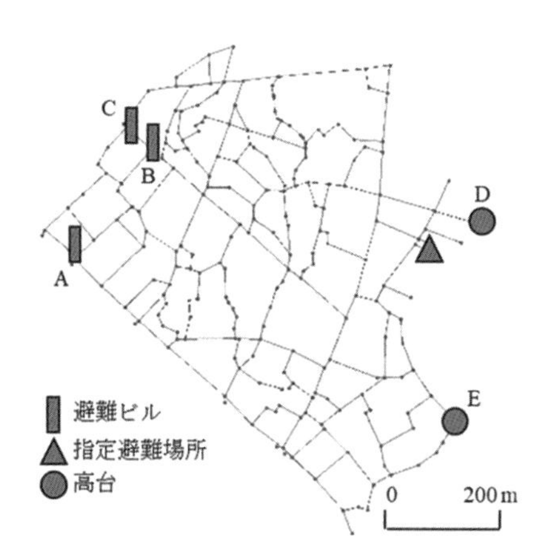

図 8.9　市街地ネットワークモデル [1)]

表 8.3　避難場所の海抜高度 [2)]

	海抜高度（m）
指定避難場所	7.9
避難ビル A（4 階建）	5.0
避難ビル B（3 階建）	7.1
避難ビル C（3 階建）	6.5
高台 D	14.0
高台 E	10.0

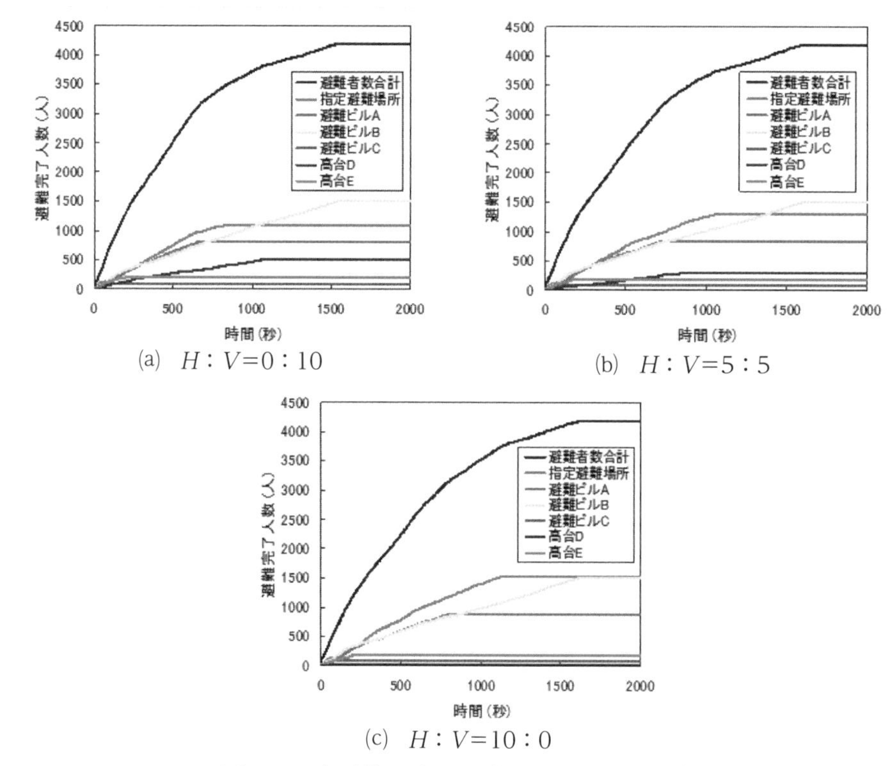

図 8.10　各避難場所への避難完了者数の推移 [2)]

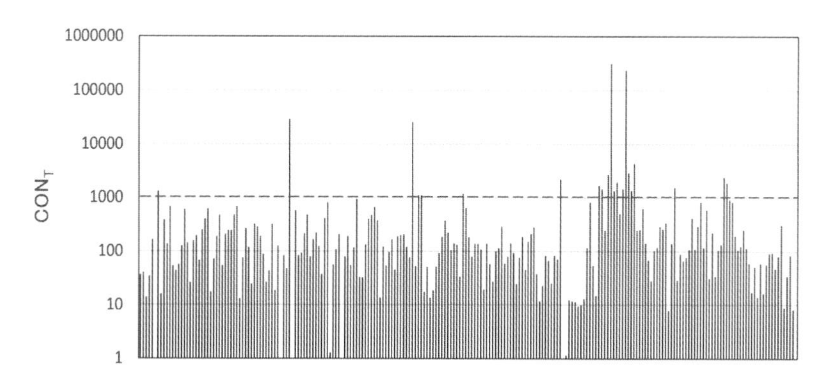

図 8.11　市街地モデルの各ノードにおける混雑度 [1)]

また今回の検討においては，避難者は水平距離優先の経路選択をするものとし，誘導者の果たす役割を「迂回路への誘導」のみに限定した．そのため，混雑度を利用した最も簡易な配置条件として，「迂回路を有し，混雑度の高いノードへ直接リンクしている」ノードに誘導者を配置することとした．図 8.12 に誘導者の配置箇所を示す．ここで，誘導者の配置が 3 箇所となったのは，先に述べた配置条件，すなわち「迂回路を有し，混雑度の高いノードへ直接リンクしている」ノードに該当する箇所が 3 箇所のみであったためである．

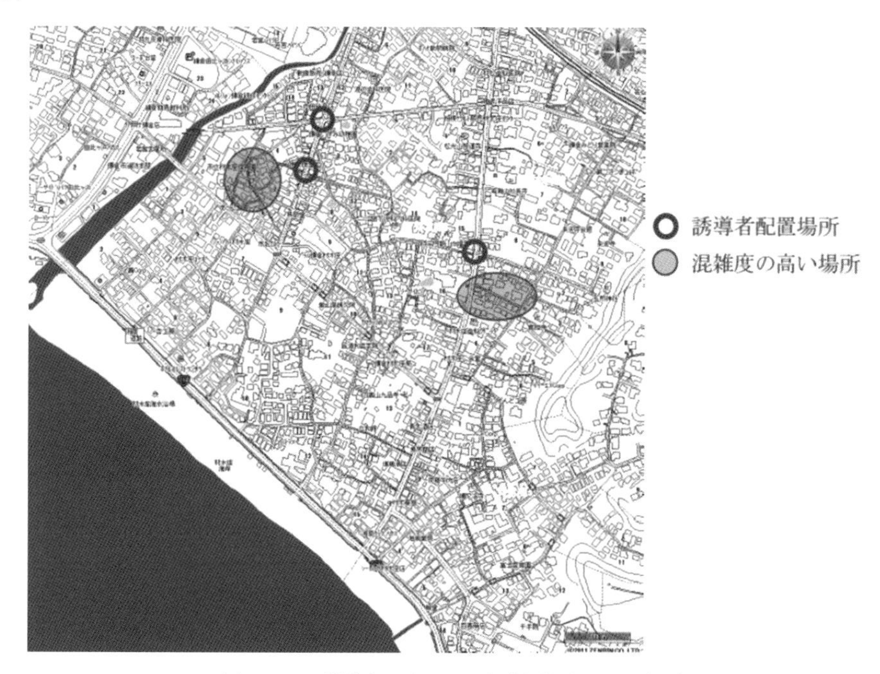

図 8.12　誘導者の配置場所（市街地モデル）[1)]

8.5 誘導者配置による避難状況の変化

マルチエージェントによる数値シミュレーション結果として，図 8.13 は誘導者を配置しない場合の，図 8.14 は誘導者を配置した場合の避難状況を表している．誘導者を配置することにより，配置場所からの避難ルートが変化していることが確認できる．

図 8.15 には，誘導者の有無による各避難場所への避難者数の差異を示す．図 8.15 より，指定避難場所と避難ビル B では誘導者を配置することにより避難者数が減少しているが，避難ビル C および高台 D への避難者数が増加している．避難誘導により避難ルートに変化が生じた結果である．

つぎに，図 8.16 に誘導者配置の有無による全避難者の避難完了時間の変化を示す．誘導者を配置することにより，特定の場所への避難者の集中を抑制し，結果としてトータルの避難時間が短縮されるという効果が確認された．以上より，誘導者の配置により避難完了までの時間が短縮され，避難状況が改善されたと考えられる．

ただし，今回の検討は事前に行われている最適経路の計算が，目的地からの総延長が最も短くなるように求められたものであり，経路幅など避難者の交通容量を予め考慮して設定されているものではない．そのため，今後は対象領域に占める移動経路の交通容量も考慮した誘導者配置についての効果検証も重要と考えられる．

8.6 まとめ

広義の AI 技術の 1 つと考えられるマルチエージェントシステムを用いた津波からの避難誘導に関する数値シミュレーション結果を示した．マルチエージェントシステムによる避難行動モデルを構築し，ネットワーク上の避難群衆の滞留状態を各ノードにおいて混雑度という数値を用いて表すことを試みた．また，混雑度を利用した誘導者の配置箇所に関する検討を行い，避難状況の変化についての検討を行った．以下にシミュレーション結果を簡単にまとめる．

- ダイクストラ法による経路選択規則と回避行動規則を有する避難エージェントによる避難シミュレーションモデルを構築した．水平距離優先と高低差考慮も経路選択において検討した．
- ネットワーク型の避難シミュレーションにおける避難群衆の滞留状態については，各ノードにおいて簡易な計算から「混雑度」として数値的に表す方法を示した．

・混雑度を用いて誘導者の配置を行う際には，混雑度を求めたノードに1リンクで接続し，迂回路を有するという前提条件を加えた．この条件を満たしたノードに対して誘導者の配置を行った結果，避難者の特定箇所への集中を抑制し，避難時間も短縮された．

・混雑度の定量的な評価と，それに基づいた誘導者の配置を行うことにより，避難状況が改善される可能性を示すことができた．

図 8.13　避難状況（誘導者配置なし）[1)]

図 8.14　避難状況（誘導者配置あり）[1)]

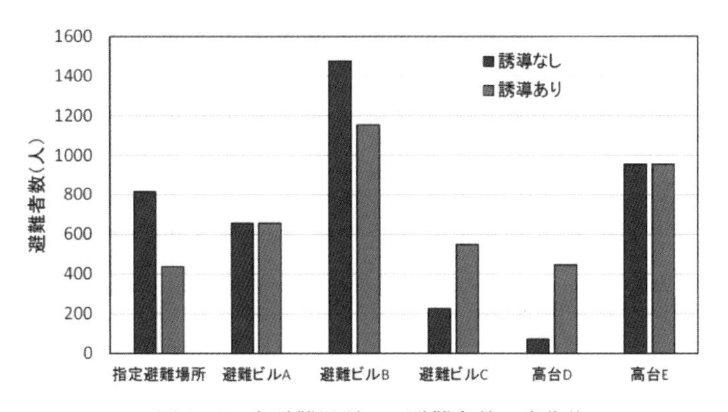

図8.15　各避難場所への避難者数の変化[1)]

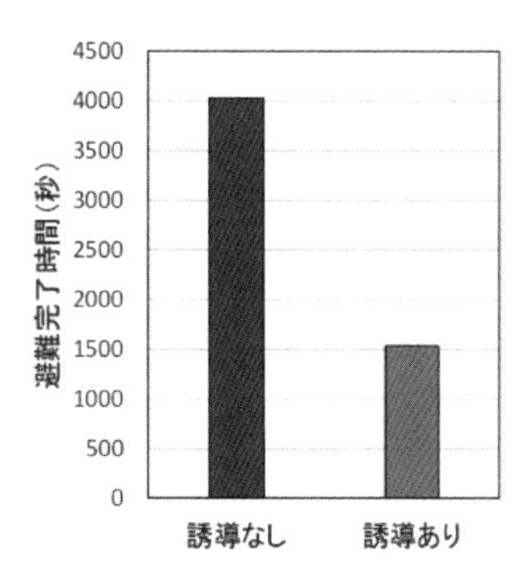

図8.16　避難完了時間の変化[1)]

引用文献

１）岸祐介，佐藤良太，北原武嗣：群衆避難時の滞留状態の改善を目的とした避難誘導に関する一検討，第14回日本地震工学シンポジウム，2014年.

２）北原武嗣，岸祐介，久保幸奨：高低差を考慮した津波災害時の群衆避難における経路選択に関する一検討，土木学会論文集A1（構造・地震工学）Vol. 69，No. 4，地震工学論文集，Vol. 32，2013年，pp. I_1067-I_1075.

３）神奈川県：津波浸水予測図，URL：http://www.pref. kanagawa.jp/cnt/f360944/.（2012.9.21閲覧）.

４）国土地理院：基盤地図情報，URL：http://www.gs i.go.jp/kiban/index.html.（2013.2.4閲覧）

参考文献

５）中央防災会議：防災基本計画，2014年.

６）藤田隆史：大震火災時における住民避難の最適化－避難群衆の流動シミュレーション－，計画自動制御学会論文集，12-4，1976年，pp. 424-431.

７）原文雄：大震火災からの群集避難のダイナミックモデル，計測と制御，Vol. 19，No. 7，1980年，pp. 708-712.

８）清野純史，三浦房紀，瀧本浩一：被災時の群衆避難行動シミュレーションへの個別要素法の適用について，土木学会論文集，No. 537／I-35，1996年，pp. 233-244.

９）原田知弥，殿最浩司，五十里洋行：粒子法を応用した避難シミュレーション，電力土木，No. 342，2009年，pp. 51-55.

10）堀宗朗，犬飼洋平，小国健二，市村強：地震時の緊急避難行動を予測するシミュレーション手法の開発に関する基礎的研究，社会技術研究論文集，Vol. 3，2005年，pp. 138-145.

11）近田康夫，濱政洋，城戸隆良：マルチエージェントを用いた避難行動シミュレーション，土木情報利用技術論文集，Vol. 17，2008年，pp. 29-38.

12）杉万俊夫，三隅二不二，佐古秀一：緊急避難状況における避難誘導方法に関するアクション・リサーチ(I)－指差誘導法と吸着誘導法－，実験社会心理学研究，Vol. 22，No. 2，1983年，pp. 95-98.

13）杉万俊夫，三隅二不二：緊急避難状況における避難誘導方法に関するアクション・リサーチ(I) －誘導者と避難者の人数比が指差誘導法と吸着誘導法に及ぼす効果－，実験社会心理学研究，Vol. 23，No. 2，1984 年，pp. 107-115.

14）中島悠，椎名宏徳，服部宏充，八槇博史，石田亨：マルチエージェントを用いた避難誘導実験の拡張，情報処理学会論文誌，Vol. 49，No. 6，2008 年，pp. 1-8.

15）岸祐介，北原武嗣，佐藤良太：津波災害時の群衆避難における誘導者配置に関する一検討，第 17 回応用力学シンポジウム，2014 年 .

16）Hall, E. T. :The Hidden Dimension, Anchour Books (Reissue) , pp. 119-121, 1990.

17）Dijkstra, E., W. : A Note on two problems in connection with graphs, Numerische Mathematik, 1, 1959，pp. 269-271.

18）国土交通省都市・地域整備局都市計画化都市計画調査室：都市・地域総合交通戦略及び特定の交通課題に対応した都市交通計画検討のための実態調査・分析の手引き，2010 年，p.77.

19）塚田幸広，河野辰男，田中良寛，諸田恵士：一般化時間による交通結節点の利便性評価手法，国総研資料，第 297 号，2006 年，p. 48.

20）阿久津邦夫：歩行の科学，岩波新書，1975 年.

21）木村幸一郎，伊原貞敏：建築物内に於ける群集流動状態の観察，建築学会大会論文集，No. 5，1937 年，pp. 307-316.

あとがき

まえがきにも書いたが，3年前のAIの異常なブームが沈静化し，現在AIの本質が理解され，様々な分野で利用されるようになってきている．このような状況に鑑み，本書ではインフラ分野でのAIのさらなる応用を目指し，対象を防災に絞って最新の動向を紹介した．

防災分野には,昨今の異常気象を含めた地球温暖化に関わる喫緊の課題が山積している．本書では，その中で災害被害箇所の特定，河川の氾濫，土砂災害警戒箇所の推定，斜面崩壊予測，ライフラインの復旧計画，地震時避難シミュレーション等の課題を取り上げた．

AI手法としては，現在よく用いられている深層学習以外にも，データ同化手法，遺伝的アルゴリズム，マルチエージェント等を用いている．読者の理解を助けるために第2章にその基礎と概要を紹介した．これらの手法に馴染みのない方は第2章を参考にしていただければと考えている．また，読者自身が自らこれらの手法を利用するための一助となることを目指し，いくつかのプログラムも公開した．

まえがきにも述べたが，AIはインフラ分野の直面している問題点，すなわち，労働力不足，熟練工の不足，技術力の継承，生産性の向上という課題解決の可能性は高く期待も非常に大きいと思われる．本書において，その可能性の一端が示せたものと考えている．

AI手法の基礎については，最近の話題も取り入れて説明したが，その説明は専門色が強く，読者に十分理解されるか少し危惧されるが，AIの入門書も数多く発刊されているので，AIの基礎の詳細については，そちらを参照されたい．

AIがインフラ分野での課題解決のきり札となるには，有効なデータの獲得が必須であり，さらにデータの前処理も必要である．インフラ分野の多く，特にインフラメンテナンス分野においては有用なデータの収集が困難なことを考えると，深層学習以外の強化学習や学習に依存しないAI手法の適用も有望であると思われ，もう一度他の手法の適用について検討してみてはどうであろうか．

AIは，現在注目されているDX（DX：Digital Transformation）実現のための強力な道具の一つである．DXはシステム，組織そのものの変革を促し，ビジネスモデルそのものを一変さすと考えられるので，今後AIの需要がますます増大することは明白である．IoT，ICT，モニタリング技術等と共にAIの今後のさらなる発展が期待される．そのためには，対象を明確にし，何を目的とし，そのための有効なデータをいかにして集めるかが肝要である．本書がその一助となれば望外の喜びである．

── 著 者 紹 介 ──

古田　均（ふるた　ひとし）　大阪公立大学特任教授，関西大学名誉教授
北原　武嗣（きたはら　たけし）　関東学院大学　理工学部　土木学系　教授
野村　泰稔（のむら　やすとし）　立命館大学　理工学部　環境都市工学科　教授
宮本　崇（みやもと　たかし）　山梨大学　工学部　土木環境工学科　准教授
一言　正之（ひとこと　まさゆき）　日本工営株式会社　技術本部　先端研究開発センター　研究員
伊藤　真一（いとう　しんいち）　鹿児島大学　工学部　先進工学科　助教
広兼　道幸（ひろかね　みちゆき）　関西大学　総合情報学部　教授
高橋　亨輔（たかはし　きょうすけ）　香川大学　創造工学部　創造工学科　准教授

AI×防災 ～データが紡ぐ未来の安心・安全～

2022年10月31日　　第1版第1刷発行

著　者　古田　均
　　　　北原　武嗣
　　　　野村　泰稔
　　　　宮本　崇
　　　　一言　正之
　　　　伊藤　真一
　　　　広兼　道幸
　　　　高橋　亨輔
発行者　田中　聡

発 行 所
株式会社　電 気 書 院
ホームページ　www.denkishoin.co.jp
（振替口座　00190-5-18837）
〒101-0051　東京都千代田区神田神保町1-3ミヤタビル2F
電話(03)5259-9160／FAX(03)5259-9162

印刷　中央精版印刷株式会社　DTP　Mayumi Yanagihara
Printed in Japan／ISBN978-4-485-30119-7